塑料大棚堆垛长菇

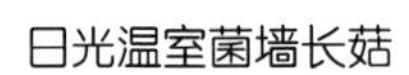

日光温室菌墙长菇

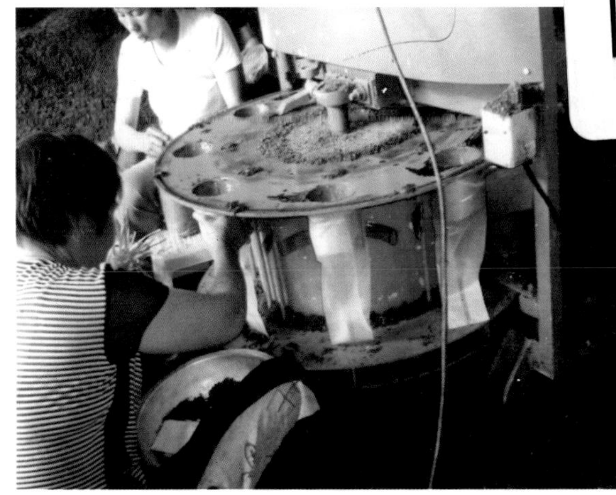

冲压装袋机装料

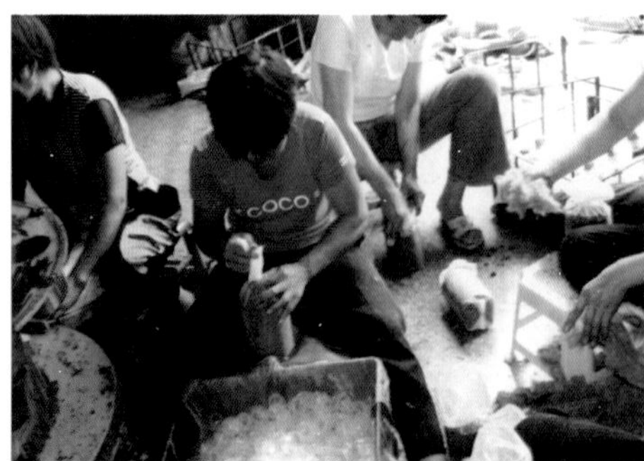

袋头套环

袋口塞棉

料袋装匡

集中堆叠

罩膜常压灭菌

料袋排场散热

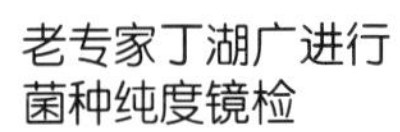

老专家丁湖广进行
菌种纯度镜检

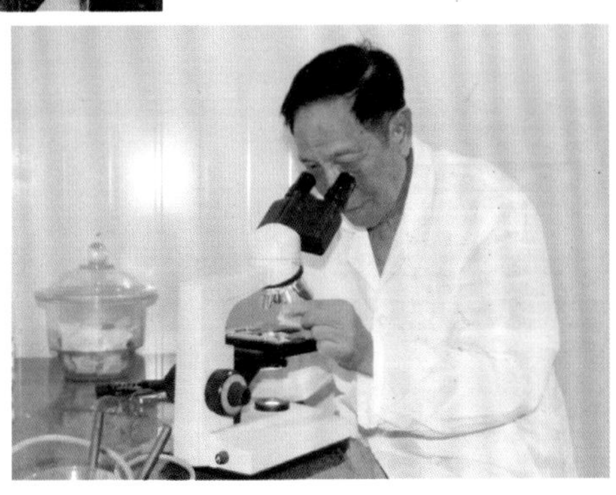

净化室接种（涂改临供）

平地卧叠养菌

网格集约化养菌

架层立袋养菌

菌袋开口诱基

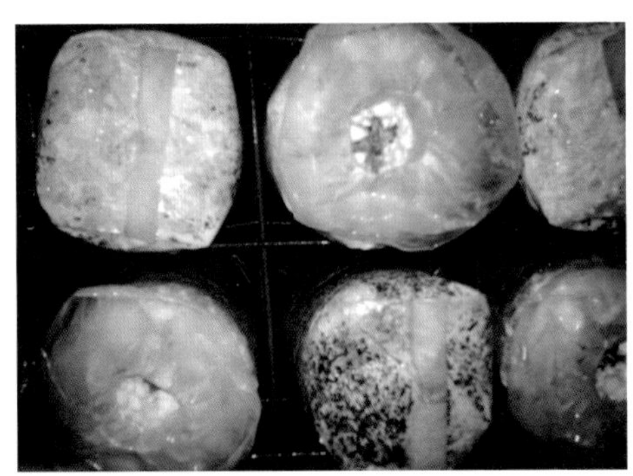

原基形成状态

增湿引光催蕾

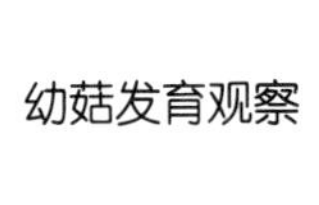

幼菇发育观察

控制适度光线

检查室温变化

鲜菇集筐

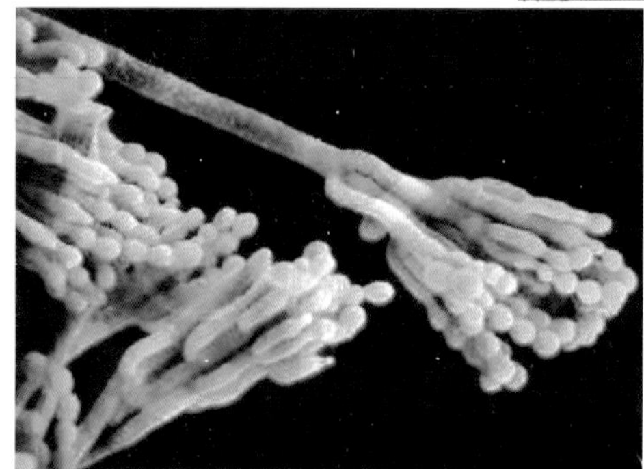

青 霉 菌

橄榄绿霉菌

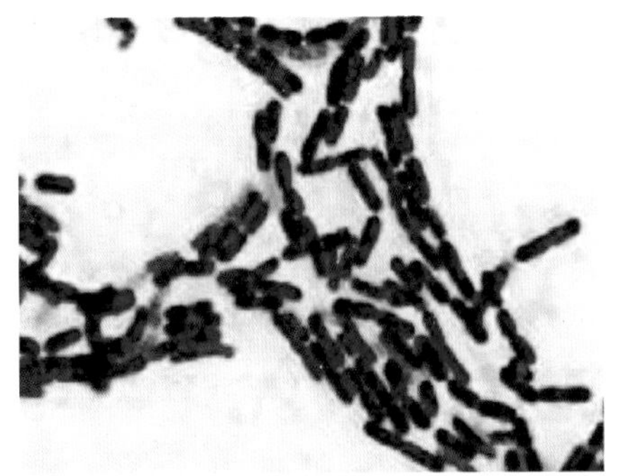

细　菌

工厂化菇房

连幢式菇棚

网格培养架

竹架菇棚

木架菇棚

棚外遮荫

秀珍菇设施栽培高产新技术

曾英书　黄　贺　等编著

金 盾 出 版 社

内 容 提 要

秀珍菇为食用菌产品中的后起之秀，深受消费者青睐。本书以科学发展观为主线，设施化栽培为手段，实现高产高效为目的。详细介绍秀珍菇生物学特性，设施选型与科学构建，设施栽培菌种制作工艺，设施栽培管理关键技术，设施栽培病虫害防控技术，以及产品采收与保鲜加工技术6个部分。内容新颖，技术规范，针对性和可操作性强，适合广大菇农应用；也可作为高等职专技能培训教材，对农林大专院校和科研单位亦有很好的参考价值。

图书在版编目(CIP)数据

秀珍菇设施栽培高产新技术/曾英书，黄贺等编著. — 北京：金盾出版社，2014.2
ISBN 978-7-5082-9061-4

Ⅰ.①秀… Ⅱ.①曾…②黄… Ⅲ.①食用菌—蔬菜园艺 Ⅳ.①S646

中国版本图书馆 CIP 数据核字(2013)第307356号

金盾出版社出版、总发行
北京太平路5号(地铁万寿路站往南)
邮政编码：100036 电话：68214039 83219215
传真：68276683 网址：www.jdcbs.cn
封面印刷：北京精美彩色印刷有限公司
彩页正文印刷：北京金盾印刷厂
装订：永胜装订厂
各地新华书店经销

开本：850×1168 1/32 印张：5.625 彩页：8 字数：144千字
2014年2月第1版第1次印刷
印数：1～6000册 定价：12.00元

编委会

前　言

秀珍菇是我国近年来新发展的优质食用菌品种，其菇体秀雅袖珍，肉质脆嫩，清香浓郁，菌柄纤维程度低，滑爽细腻，风味独特；且营养丰富，蛋白质、脂肪含量高，还含有17种氨基酸，以及10种微量元素；而且保鲜耐贮性好，因此引起越来越多的消费者欢迎，成为风行市场的时尚珍菇。

秀珍菇设施栽培是根据其生长发育所需的生态环境，选择构建适合生长的房棚，以及配套设置，人为创造满足生长发育各个不同阶段所需的温度、湿度、光温和空气；发挥设施空间效能和增加单位生产面积。通过设施配置可以人为调控，改善生态环境，实现周年制生产优质产品，满足市场所需，提高整体效益，这是秀珍菇设施栽培的最大优势。我国农村果蔬现有设施形式多样，在生产中发挥了作用，这些农业设施可以根据秀珍菇生物学特征，选择性地取用。但应当注意的是秀珍菇与农作物和果蔬生长过程的不同特点：秀珍菇子实体生长需要氧气，而呼出的是二氧化碳；对光照度要求比农作物和果蔬弱。因此，在利用现成的农业设施时，在通风增氧和遮阳控光方面应进行改进，确保产品质量优化。

秀珍菇从引进至今已有20年历史，但真正形成商品化生产仅有10年，特别是近5年来发展较快。这期间我国许多科研单位和科技人员沥尽心血，做了大量试验，掌握了秀珍菇生产的成功经验，实现了目前的生产规模。本书在编写过程中广泛收集总结各产区的成功经验和失败教训，对比分析，殚精竭虑，反复推敲，科学系统地整理成这本《秀珍菇设施栽培高产新技术》，希望能为广大从事秀珍菇生产者提供有益的参考，更好地发展生产，早日实现小康，这是我们的最大心愿！

本书编写过程得到福建省古田县科技局的重视，列入科研课题立项研究，并资助。书中引用同行专家资料与图照，对他们的发明和成就，表示崇敬，尚未一一标名的敬请见谅！我国著名食用菌专家丁湖广高级农艺师为全书技术审定把关，在此一并致谢！由于笔者水平有限，时间仓促，书中错漏之处，敬请广大读者批评指正！

曾英书

福建省古田县富康农业开发有限公司董事长，古田县康富食用菌专业合作社理事长，古田县食用副会长，生产菌协会分会会长，中国食用菌协会工厂化生产专业委员会理事。

目　录

第一章　秀珍菇设施栽培概述

一、菇种来源与发展历程

秀珍菇一词源自我国台湾省，是市场上“小平菇”的商品名。其种源可能源自粗糙侧耳；也有的学者认为是源于肺形侧耳(凤尾菇)。20 世纪 90 年代，秀珍菇由台湾农试所通过改进栽培工艺，实行软化小菇体栽培而开发成商品化生产。因此，该品种不是从野生采集，分离驯化的一个菇种。

秀珍菇栽培，最早是 1994 年广东省科研部门，通过台商引入，在广东清新县扶贫办主持下，开展 10 万袋的产业化生产。1998 年台商引种在福州市罗源西兰乡栽培成功，并推广大面积生产。20 世纪 90 年代末上海市农委将秀珍菇列入科技攻关项目开发，2001 年该市青浦区台资福星农产公司进入商业性栽培，西北的甘肃兰州农科所，引种栽培试验成功。2006 年广东农科院蔬菜研究所与东莞市农业种子研究所合作，开展秀珍菇工厂化生产。2008 年江苏省丰县引进台湾威利集团，开发秀珍菇产业化生产。

秀珍菇设施栽培是近 10 年来发展起来的，大多数是采用竹木结构拱棚，中密度栽培，现有生产基地发展到钢架结构大棚，高密度栽培，以及温控培养室，高密度栽培。江苏省丰县 2009 年秀珍菇栽培量达 950 万袋，目前全县生产规模超过 3 000 万袋。秀珍菇设施栽培已成为我国食用菌产业新品种开发的一个亮点，成为农村经济发展，农民致富实现小康的一个好项目；也成为大学生和返乡农民工创业的可取门路。浙江省淳安县返乡农民工方林贵 2007 年给屏门乡农民带回秀珍菇菌种技术，经过几年栽培，农民看到实效，很快推广。2011 年后塘村建立 20000 米^2(30 亩)大棚，还打了 2 口 93 米深的井，抽地下水用于夏季出菇喷雾，实现秀珍菇设施化栽培，获得理想效益。目前秀珍菇已在闽、浙、苏、粤、皖、豫等地广泛进行商品化生产。2011 年全国秀珍菇总产量达 35 万吨，比 2009 年 22 万吨增长 59%，产业处于风华正茂时机。

二、经济价值与市场前景

(一)营养全面丰富

秀珍菇营养丰富，体态袖珍，风味独特，深受消费者青睐。其化学成分，现有还设发现专门检测报道。这里根据《中国食用菌百科》中介绍黄、白侧耳(小平菇)的营养成分占有率：蛋白质 27.59%，粗脂肪 3.40%，可溶性无氮浸出物总量 50.87%，其中还原糖 41.38%、戊聚糖 2.07%、甲基戊聚糖 0.96%、海藻糖 2.43%、甘露醇 6.69%，还含有粗纤维 9.45%、灰分 8.69%。

秀珍菇的氨基酸含量，据福州市农业局李志生(2006)报道，见表 1-1。

表 1-1　秀珍菇各种氨基数含量　(占干物质含量%)

必需氨基酸	含　量	非必需氨基酸	含　量
异亮氨酸(Lle)	1.79	天冬氨酸(Asm)	3.01
亮氨酸(Leu)	2.01	丝氨酸(Ser)	1.54
苯丙氨酸(Phe)	1.34	谷氨酸(Glu)	5.74
赖氨酸(Lys)	1.45	脯氨酸(Pro)	0.44
苏氨酸(Thr)	1.60	甘氨酸(Gly)	1.49
缬氨酸(Val)	1.63	丙氨酸(Ala)	2.01
甲硫氨酸(Met)	0.28	半胱氨酸(Cys)	0.40
酪氨酸(Tyr)	0.72	组氨酸(His)	0.60
色氨酸(Trp)	(未测)	精氨酸(Arg)	1.46

(录自《福建食用菌》总第八期)

秀珍菇还含有丰富的矿质元素，这里根据朱晓琴等(2007)糙皮侧耳检测，其值见表1-2。

表1-2　秀珍菇矿质元素含量　(毫克/100克干重)

名　称	含　量	名　称	含　量
钙(Ca)	76	铁(Fe)	7.67
磷(P)	1050	锌(Zn)	4.88
钾(K)	1490	硒(Se)	0.0034
钠(Na)	10.40	铜(Cu)	1.21
镁(Mg)	170	锰(Mn)	1.21

(录自《中国食药用菌学》2010年)

(二)市场前景看好

秀珍菇虽然与糙皮侧耳(普通平菇)同为侧耳属，自然状态下长相也相似，但秀珍菇具有更好的食用品质；其风味独特，清香浓郁；质地致密脆嫩，菌柄纤维程度低，口感爽滑细腻，无论用何种烹饪方法，不会被煮烂，保持着良好的独有口感。因此引起越来越多消费者的喜食，成为时尚珍菇，风行市场。

秀珍菇鲜品通过低温贮藏，有利抑制菇体新陈代谢，降低呼吸作用和蒸腾作为，减少了引起衰老和褐变的活性氧产生。目前超市采用PE膜4℃低温密封保鲜方式，不仅可以很好地保持菇体的商品性状，维持应有的硬度，减少失水率。同时，低温贮藏，抑制了菇体新陈代谢，一般货架期达7天。在同等条件下，比平菇可延长2～3天。有人用一般侧耳品种，在幼菇期采收，充当秀珍菇上市，但其菌柄的口感较粗韧，菌盖组织易开裂，就很快被消费者识破。目前，秀珍菇价格每千克12～16元，传统节日期间高达20元，比普通平菇高出3～4倍，消费者乐意接受，市场日益扩展，前景十分可观！

三、生物学特性与理化条件

(一)学名及分类

秀珍菇,又名小平菇、珊瑚菇、袖珍菇、迷你蚝菇等。

学名:*Pleurotus pulmonarius*(Fr)Quel., M'em. Soc. Emul. Montbeliard, Ser. 25:11(1872)。

属名"Pleurotus"一词来自希腊语,其词源是"pleura",意思是"肋骨、侧生",用于真菌的属名,翻译成"侧耳属"。种名加词"*pulmonarius*"意思是"肺状、肺"。该菌的中文学名可译成"肺形侧耳"凤尾菇。

目前,由于秀珍菇品种来源不同,在国内出现了不同的学名,有 *Pleurotus ccornucopiae*(黄白侧耳)、*Pleurotus florida*(佛罗里达侧耳)、*Pleurotus ostreatus*(糙皮侧耳)等。

秀珍菇隶属担子菌亚门,层菌纲,伞菌目,侧耳科,侧耳属。通过种间的生物学特性和分子生物技术的鉴别定位应用,秀珍菇被定位与凤尾菇同属肺形侧耳变种。

(二)形态特征

秀珍菇形态分为菌丝体和子实体两方面。

1. 菌丝体形态特征 秀珍菇菌丝体在 PDA 菌种培养基和栽培培养基中均呈白色、纤细绒毛状,气生菌丝发达;菌丝生长过程中,显微镜下能明显地观察到菌丝的锁状联合。培养特征与凤尾菇几乎没有肉眼可见的差异。

2. 子实体形态特征 秀珍菇子实体呈单生或散生,与大多数丛生或簇生的食用菌相异,也是与易混淆品种"姬菇"相区分的一个重要特征。子实体小到中型,大多菌盖直径 3～6 厘米,出菇气温较高时，子实体完全成熟后的菌盖直径可超过10厘米。菌盖开始分化时为浅灰色，后逐渐变深，呈深灰色。成熟后又开始逐渐变浅，最后呈灰白色，且温度较高时色泽较浅。有些菌株还会呈现淡黄色至深棕色。菌盖随栽培方式和采收时间的不同，分别呈扇形、贝壳形或漏斗状，成熟、完全平展后，边缘常呈波状；基部下凹不明显，表面光滑干爽。菌肉厚度中等、白色。菌褶白色、延生、不等长。菌柄侧生、少近中生、白色，幼时肉质内实，基部稍细无茸毛，长2～6厘米、粗0.6～1.5厘米，孢子印白色。商品菇要求菌盖3～5厘米、菌柄长2～5厘米、粗0.5～1.5厘米。

市场上使人辨认混淆的品种往往是姬菇，但认真观察即可分辨。姬菇子实体是丛生或叠生，裸果型。其菌盖一般比秀珍菇小，菌柄比秀珍菇短。有灰黑色、棕褐色或洁白色，长大为扇形；菌柄侧生肥粗、顺褶连接菌盖。两种不同品种形态对照见图1-1。

秀珍菇

姬菇

图1-1 两种不同品种形态菇体对照

（三）生 活 史

秀珍菇子实体成熟时，菌盖下的菌褶释放出大量担孢子，孢子萌发后形成单核菌丝，即初生菌丝，不同性质的单核菌丝接合成双核菌丝，从而进一步生长发育形成新的子实体。从孢子萌发到菌丝再进一步结出子实体，也就是秀珍菇生长发育的整个生活史（图1-2）。

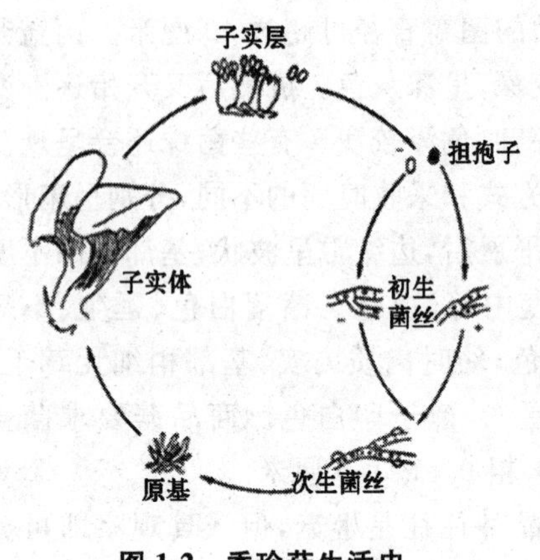

图 1-2 秀珍菇生活史

1. 营养 秀珍菇是一种木生菌，菌丝生长的较佳碳源，是可溶性淀粉和羧甲基纤维素钠。而甘露醇和半乳糖，不宜作为秀珍菇菌丝生长的碳源。栽培上通常以富含纤维素、木质素、半纤维素的阔叶树木屑、棉籽壳、玉米芯和秸秆等为主要碳源，也可加入少量蔗糖，以供菌丝初期生长所需。

根据试验，秀珍菇菌丝生长对几种不同类型氮源原料的适应性依次为：酵母粉、甘氨酸、硝酸钠、蛋白胨、硫酸铵，尿素几乎不能利用。由于秀珍菇是以小菇多潮采收为目的，培养基中需有充足的氮源。栽培上以麦麸、米糠、玉米粉、花生饼粉等，富含有机氮素的原料为适宜的氮源，理想的添加量为20%～25%。

秀珍菇菌丝生长的最适碳源、氮源组合，是酵母粉和可溶性淀粉。碳、氮比以20～30∶1为宜。辅料方面还需要添加少量的无机盐，如硫酸钙、碳酸钙、过磷酸钙、磷酸二氢钾、硫酸镁和维生素 B_1 等。

2. 温度 菌丝体生长的温度为8℃～30℃，最适温度为23℃～25℃。试验表明，27℃时菌丝生长速度最快，但不如25℃深密；高于28℃时菌丝速度明显下降；35℃以上菌丝会死亡。当温度低于20℃时，秀珍菇菌丝生长明显缓慢；15℃时，菌丝呈气生状，生长极其缓慢；低于5℃菌丝停止生长，但不会死亡。

子实体分化阶段，适宜的温度为8℃～22℃，最适温度15℃～20℃。给予一定的温差刺激，会使子实体分化加快，出菇整齐，产量增加。气温持续超过28℃时，难分化出原基。诱发原基需要给予10℃～20℃的温差刺激，以达到温差效果。温差处理时间18～24小时即可，2天后可出现大量的原基。

3. 水分与湿度　菌丝生长阶段培养基的适宜含水量55%～60%。水分含量过高，氧气供应不足，会影响菌丝生长，进而影响产量；培养室内空气相对湿度低于65%，有利于抑制红色链孢霉等杂菌的大面积发生。

子实体生长阶段，栽培基质含水量以60%～65%为好，低于60%时，转潮明显减缓，二潮菇以后出菇量变少，且菌盖变薄，边缘易开裂。长菇阶段空气相对湿度宜在85%～95%，低于80%菌盖边缘易开裂；低于70%时原基不易形成。严重时形成的子实体还会干枯死亡。但空气相对湿度高于95%，容易形成菌盖内卷的畸形菇，而且还容易感染杂菌，导致变软腐烂。

4. 空气　秀珍菇为好氧真菌，但菌丝生长阶段对二氧化碳有一定的耐受力。子实体生长阶段菌丝呼吸旺盛，对氧气需求大增，长时间通风不良，二氧化碳浓度过高，易产生畸形菇。子实体进入伸长期，需要保持一定量的二氧化碳浓度，特别是在袋口的局部环境，一定量的二氧化碳可以促进菇柄伸长，限制菇盖变得太大；但高温季节，如果通气不良，易引起菇体霉烂。

5. 光照　菌丝生长阶段以黑暗条件最好，较强光线（主要是蓝光）对菌丝生长有抑制作用；子实体阶段对光要求较敏感，在无光条件下，子实体难以形成。但强烈的直射光线，会危害菌体。适宜的光照强度为500～1 000勒的散射光。但在子实体伸长、成熟期，减弱光照强度，会使菇盖颜色变浅。

6. 酸碱度　培养料pH值在6～7，而菌丝生长pH值在5.6～6.5为宜。正常在配方中加石灰1%或碳酸钙2%即可，存放的木屑或长时间堆积的木屑，配料时可增加石灰或碳酸钙1%～2%。

四、设施栽培经济意义

（一）设施栽培的优势

秀珍菇属于中温型菌类，常规栽培的自然气候出菇期，为春、秋两季约8个月时间，即春季2～6月份，秋季9～11月份。在这个时间段内，按照秀珍菇生物学特性和顺应自然气候，进行栽培管理，正常长菇得到应有的经济效益。而在炎热夏季7～8月份，由于气温超过28℃；而在寒冷季12月份至翌年1月份，气温低于8℃，也很难长菇。而在常规产季，如果气候发展异常变化，就无法人为控制，必然造成歉产歉效；甚至亏本损失。因此，常规栽培风险性较大。

设施栽培可以通过人为创造适合秀珍菇生长发育的培养房、菇棚。安装配套遮阴、降温、冷房低温刺激、微喷增湿等设施，或利用防空洞等设施来改变生态环境，人为创造适于秀珍菇菌丝生长和子实体正常发育的需要，产出优良品质的秀珍菇。使产品淡季上市，形成春夏秋冬周年制产菇，并优化产品质量，提高菇房的利用率，提高栽培整体效益，这是其最大优势。因此，易被生产者所接受，目前江苏、浙江、福建、山东、河南、上海等省（市），广用设施栽培秀珍菇，实现周年制生产，形成一个产业。

（二）生产效益可观

秀珍菇栽培原料主要是农作物秸秆如棉籽壳、玉米芯、花生藤、木薯秆等，以及林木加工厂边材碎屑，果桑剪枝料等均可。配以麦麸、米糠、玉米粉等为辅助营养料，其原、辅料资源十分丰富。

秀珍菇生产效益可观，一般每100千克原料，采用18厘米×36厘米，厚0.045毫米的塑料袋，每袋装干料500～600克，从接种到采收结束 4～5 个月，可采收 6～7 潮菇。每袋产量 350～400 克，平均生物转化率达 70%左右，按每千克平均价 10 元计算，产值 3.5～4.0 元/袋，除成本 2 元/袋外，可获利 1.5～2 元/袋。如利用现成大棚或其他菇棚，原料就地可供，成本更低，利润率更高。因此，从现有与诸多品种对照，秀珍菇生产效益尚属排名前列。

（三）投资回报快

设施栽培的投入，一般年栽培量 120 万袋规模的生产单位，需建造搭建菇棚 30 个，每个菇棚 360 $米^2$，栽培秀珍菇 3.6 万～4 万袋。建保鲜库 2 个，每个面积 350 $米^2$，堆料场 1 000 $米^2$。配套机械自走式搅拌机 1 台，冲压装袋机 1 台，1 吨高效节能锅炉 1 台，常压灭菌房 2 间，一次灭菌 1.2 万袋。冷却场 300 $米^2$，接种室 60 $米^2$，冷库 1 个 70 $米^2$，以及 250 千克专用变压器 1 台，15 匹马力移动制冷机 10 台，总体投资 200 万元左右。

按年产秀珍菇 120 万袋正常产量，每袋利润 1.5～2 元计算，年可创利 180 万～240 万元。一般当年可收回投资总额。之后每年尽为利润收入。如果利用现成大棚或菇房进行改造，仅添置摆袋设施，制冷、增湿及料袋灭菌，接种等设施，其投资可节省 50%，资金回笼也就更快，效益当年立见，且很可观。

（四）风险概率低

食用菌生产受技术和市场制约，一般而言都有风险，但只不过风险大与小。秀珍菇生产从技术角度分析，经过近 10 年的商业性栽培，已完全掌握其生物学特性，积累了丰富的成功经验和失败教训。尤其对设施化栽培，已形成完整体系，相对而言技术风险性较小。从市场风险角度分析，秀珍菇生产状况看，目前仅在是福建、浙江、江苏等地，生产进展不像杏鲍菇、金针菇“火爆”和“神速”。秀珍菇生产厂家不多，而农家常规栽培商品量又不大。而秀珍菇的品质和独特风味，已被广大消费者所认可，消费量日益上升，供求之间缺口很大，市场发展趋势越来越宽。估计十年八载内，秀珍菇仍属畅销品，市场风险相对较小。如果生产规模 3 万～5 万袋的农家设施栽培，其风险比其他菇类品种更小，甚至风险指数可降至零。

第二章　设施选型与科学构建

秀珍菇设施化栽培主要是菇棚、冷房。从南方地区发展现状看，绝大多数为竹木拱棚，中密度墙式栽培。新开发区从长远出发，采用钢架、彩钢板外围结构大棚，高密度栽培。北方地区充分利用日光温室和蔬菜大棚等设施化生产。此外，各地农家庭院前后的简易菇棚，地沟菇棚，人防工事防空洞等现成设施，均可作为设施生产，拓宽了秀珍菇设施化栽培的空间。

一、竹木结构菇棚设施

秀珍菇栽培模式，基本上采用"一区制"生产，即菌丝体培养与出菇管理在同一场所内进行。近年来也仿效杏鲍菇、蟹味菇、白灵菇等工厂化生产方式，采用"两区制"即菌丝体培养和出菇管理，分别在两类不同环境的菇房内完成。

（一）建棚方位

所谓方位，指的是菇棚南北向还是东西向。菇棚的坐落方位，主要视接受太阳日辐射量大小和均一，有利低温季节增温保湿；而炎夏季节能够调节降温降湿，这是建棚方位的主要依据。实践证明"坐北朝南，冬暖夏凉"是菇棚的理想方位。

（二）菇棚规格

秀珍菇菇棚的大小，应根据生产规模大小和所选定场地现状来确定。

1. 中型菇棚　中型菇棚长 30～35 米、宽 8～8.5 米，每隔 1.5

米立一根柱，3～4 根柱为一排，通道宽 1 米；棚中心高度 4～4.5 米，以利通风；棚边高 2～2.5 米，棚内地面泥地或水泥地。一般泥地要进行杀虫灭菌处理，再铺撒一层石灰，一层粗沙石；走道最好是水泥硬化处理。每个菇棚，菌袋叠放量 2.5 万～3 万袋。如果菇棚面积 360 米^2 的，可叠放菌袋 3.5 万～4 万个。

2. 大型集约化菇棚 棚长 80 米、宽 14 米，为 1 120 米^2 面积，等于中型菇棚 3 倍以上。棚高 5 米，中间设走道 2 米宽，可供三轮摩托车和板车运行，两翼为培养室，各 6 米宽；用塑料薄膜分隔成 20～30 米^2 独立小间或小拱棚，形成“非”字形布局，整个菇棚菌袋叠放量 8 万～10 万袋。

（三）棚顶设置

棚顶上人字形开口距离 1 米，其上距离 50 厘米处，搭盖开口直径为 2 米的人字顶或拱形顶；棚顶至地面覆盖 0.08 毫米厚的塑料薄膜，上面再覆盖油毛毡或 2 厘米厚密织草帘或用石棉瓦盖顶。棚顶安装微喷设施，利用棚顶外部喷水，来降低夏季棚内温度。

所有透气孔和门窗，必须遮盖 25 目的塑料防虫网。夏季在棚的外围覆盖遮光率为 90%的遮阳网，也可以在菇棚外围种植蔓藤瓜豆，起遮阳降温作用。

（四）培养架排设

棚内设培养架，采用竹木条架设垂直排列，间隔 0.8 米；底层支撑杆距地 20 厘米，向上间隔 60 厘米设固定支撑横杆，防止菌袋层叠不平而倒塌。

（五）水帘控温的应用

秀珍菇采用菌袋直接上架发菌培养方式的，通常需 60～80 天，不仅菇房利用率低，且发菌过程易出现生理性病害。福建农科院食用菌研究所卢政辉和龙岩市新罗区农业局饶益强，经过连续几年试验，并不断改进搭建一种“水帘控温养菌房”，其优点：

1. 稳定房内温度　该养菌房结构为竹木建造，外围使用双层密闭的塑料方格布覆盖，房顶间隔 50 厘米，覆盖 95%的遮阳网。整个水帘系统通过水泵与地下水井或暴晒水池连接。夏季气温高时，通过地下水湿帘交换降温作用和温控设施联合使用，维持培养房温度在 24℃～26℃之间。冬季利用经过暴晒后的地下水进行湿帘交换，起增温作用，稳定地维持菇房的适宜温度。

2. 保持空气湿度　菇房在热交换过程中，空气也进行了更新，并保持空气相对湿度 70%～75%。湿帘的面积和负压风机功率，根据库容量请专业工程单位进行换算。

3. 有效防控虫害　湿帘控温培养房，既保证菌丝生长的最适温度、湿度，同时由于密封性良好，防控菇蚊对菌袋的侵害，菌袋污染率基本控制在 1%左右。

4. 提高菇棚利用率　采用湿帘控温房，可以使菌袋生理成熟期比常规缩短 10～30 天。还可以利用这种培养房进行冬栽一季，大幅度提高菇房综合利用率，实现周年设施化栽培。

二、菌袋刺激制冷设施

秀珍菇属变温结实型的菌类，通常需要 10℃～20℃的温差刺激，才能纽结出菇。为了达到高产稳产的目的，就需冷刺激，诱导原基的形成。在冷刺激的设施方面有以下两种方法。

（一）建造冷库

在菇棚内或旁边，专门建造冷库。按照栽培量来定，一次性容纳 1.6 万个菌袋的冷库，其容积量需 45 米^3 左右，并配备一台 11 千瓦左右的制冷机和 2 台 100DD 的风机。此种方式是将菌袋搬进冷库进行低温刺激后，再回到菇棚内上架叠袋出菇。

（二）移动式制冷机

秀珍菇每潮菇采收结束后，必须把培养架上的菌袋装入周转筐搬进冷库进行低温刺激后，再运回原地排架出菇。整个周期出菇 7～8 潮，都需如此操作，在劳动力工价高涨的当今。每个菌袋需消耗人工成本 0.4 元，同时操作不方便，且常因多移动带来病菌虫害入侵。姚利娟(2012)介绍浙江省桐乡西岸专业合作社菇农，自制 15 匹马力移动制冷机。当菌袋需要冷刺激时，只要将移动制冷机进房，喷淋菌袋，并盖膜封闭，开机 12 小时可以降温至 5℃左右，然后停机自然回温。移动制冷机可以继续移到其他菇房内，进行低温刺激，实用性好。有效地解决了搬动菌袋进库，低温刺激后又重回菇棚叠袋的操作工序，实现了省工又方便，效果好的目的。据福建卢政辉(2012)测算，一般栽培 20 万袋的基地，整个生产周期可节省人工成本 8 万元，节能降耗效果显著，因此广为采纳应用。

三、现代工厂化菇房设施与配套

（一）工厂化菇房

工厂化菇房设计关键点有以下 4 个方面：

1. 节约能源，降低电耗 秀珍菇实施工厂化栽培，必须采取制冷或加热以及通风设备，用以调节菇房内的温度、湿度和二氧化碳浓度，这就需要消耗大量电力能源。据调查统计显示，电能消耗约占生产总成本的 20%。究其原因主要在于菇房建筑不科学，耗能高，成本居高不下；加之环境控制欠合理，出菇品质差，运行管理没跟上，致使生产效益差。因此，节能降耗成为工厂化菇房建筑的关键。

节能降耗的菇房要求相对密闭、保温。从总体和单体的设计，来保证和维持生产的正常使用，尽量减少能源设备装机功率。负荷变小，为节能创造条件，这成为科学设计的原则。实施建筑时，要缜密考虑最大限度地杜绝能源的损耗。菇房梁柱、钢构、管道、支架吊架，以及地面等均易产生散冷耗能部位。特别是地面在硬化时，应先设双层不易吸水的挤塑板垫底，再铺设网格，浇灌水泥层。采用耐磨水磨石或金刚砂地面，达到平光滑标准，杜绝“冷桥”发生，降低热负荷。

2. 围护结构紧密实用　工厂化菇房的围护结构，是节能的一个关键点。围护由外表层、保温层，内表层等构成。内外表面层材料应具有保温、防水、防湿性、不燃性和自熄性，化学稳定性好，强度高，不易开裂，以及寿命长的性能。现有围护可选用 EPS 彩钢隔热夹芯板，这是以彩色涂层钢板为面材，自熄型聚苯乙烯、聚氨酯、玻璃棉、岩棉为芯材，是一种集承重、保温、防水，装修于一体的新型围护结构材料，要选择密度不低于 20 千克/米^3 为好。菇房屋顶可采用 950EPS 瓦楞夹芯板，其强度会比普通平面彩钢夹芯板增加 3 倍。采用隐藏式自钻钉与屋架联接，不破坏彩涂板的外露部分，板与板的联接，采用扣帽式，不易渗水。围护厚度的加强，菇房外热负荷将变小，可减少制冷系统投资和制冷系统运行的费用。相对而言，围护结构的增厚，将会增加建厂初期投资。

3. 选定菇房外表颜色　颜色是影响太阳光反射率的主要因素。盐城市爱菲尔钢结构有限公司刘兵(2012)研究表明：颜色越浅，反射太阳辐射能力越大。白色表面对太阳辐射的反射率，等于黑色表面反射率的 7 倍。因此，夏季在强烈的阳光照射下，白色表面温度比黑色表面低 20℃～30℃。为此，节能菇房外表面层的颜色，应选择白色或浅色为适。充分利用白色或浅色的反射，来减少辐射热量。

4. 杜绝内外冷暖空气对流 工厂化菇房规划时，应将养菌区和育菇区间隔开，设立缓冲区，安装隔壁风幕机，使菇房内、外环境隔开，杜绝冷暖空气对流形成结雾，促使作业时不影响房内温度回升。避免由于温度梯度引起能量传递，从而达到节约能源的目的。

（二）养菌室设置及配套设施

根据秀珍菇生物学特性及生长发育过程的菌丝体培育和子实体发育两个不同阶段，所需的环境条件差异性，分别设置养菌室和育菇房两类，它们之间有明显区别。

养菌室又叫发菌室，是工厂化生产菌袋接种后培养菌丝体的场所，属于恒温，干燥类型的培养车间，其规范化结构及设置如下：

1. 建造数量 养菌室的建造规模大小，要与出菇房相对应。不同品种的发菌培养时间和出菇时间差异较大。蟹味菇发菌培养需要 120 天，出菇只有 30 天，其发菌室与出菇房的比例为 4∶1，也就是发菌室等于出菇房的 4 倍。而秀珍菇发菌培养 50 天左右，出菇需 50 天，等于 1∶1。因此，只有配备相对应，才能满足采收后的出菇房，及时得到填空生理成熟的菌袋。

2. 结构要求 养菌室为单层式，砖墙结构或充气沙砖建造。屋顶四周采用聚苯乙烯配合钢板保温层，以提高保温性能。大型养菌室单间面积 15 米×10 米（长×宽）＝150 米^2，中型 10×6 米＝60 米^2，其高度一般为 4.5 米左右，而采用罐式堆叠的养菌室应控制 6 米高。发菌室长向正中开 1 个房门，便于推车进出。采用夹芯板包边。通风设施配置，可在室内左角上方近顶处，开 1 个 35 厘米×35 厘米进风口，右角下方离地面开 1 个同规格排气口。

3. 配套设备 现有工厂化生产的培养载体是菌袋和菌罐两种，其培养设备分别有多层培养架，网格培养架和周转筐。

（1）培养架 采用不锈钢或防锈三角铁焊成，架高 2.8 米，分 5 层，层距 50 厘米，架脚离地面 20 厘米；架床宽 1.3 米，长度视场地而定；床面铺竹片或防锈钢丝网或扁铁条均可。网格培养架系工厂专门生产的设备，由防锈钢丝织成 12 厘米×12 厘米排袋的网格，架宽 1.2 米、长 2.65 米，每架 220 个筐位。周转筐为塑料制品，工厂专门生产。一般 60 米^2 养菌室可摆放菌袋 1.3 万个。

(2)环境控制设置　养菌室要求干燥、避光、恒温，配备相适应的制冷控温设备，使室内始终保持在 20℃～24℃这个恒定温度范围，避免温差过大。室内作业道中间安装节能灯照明，限于作业时开灯。

(3)内循环设置　养菌室内在制冷机组的墙上部，安装换气扇，下部安装百叶窗，设置时控器。新鲜空气通过制冷机组降温后进入室内，风压增加，百叶窗自动开启；当室内二氧化碳浓度超过设定参数时，时控器自动调节。

(三)育菇房设置及配套设施

育菇房是菌袋经培养生理成熟后，搬入出菇的场所，又称子实体培育房，简称育菇房，属于控温湿房类型。其结构和配套设施与发菌室有区别。

1. 建造数量　根据生产规模设置，如果计划日产秀珍菇 3 吨的工厂，其每天需要有 1 万个菌袋进入采收(平均 300 克/袋产量)。这样，就要建造容量 1 万袋的育菇房 30 个或容量 2 万袋的育菇房 15 个，以确保每天产菇持续不断。如果日产量增大的工厂，需相应增加育菇房的数量。

2. 结构要求　育菇房倾向于采用小面积，单间面积 60～80 米^2，一次排放菌袋 1.3 万～2 万袋左右为适。通常为 10 米×6 米或 10 米×8 米(长×宽)，高度以培养架顶层留一定净空间，用作制冷机组风道。如果一味追求高容量，则会导致房内产生温度梯度，必然影响长菇的同步性。

育菇房以单层为宜，采用砖墙或充气沙砖砌墙，混凝土结构。

地面要求硬化处理，采用双层不吸水的挤塑板垫底，再铺设网格，浇筑水泥层，并用耐磨水磨石或金刚砂地面。四周围护可用 GPS 彩钢隔热夹芯板，屋顶采用瓦楞或彩钢板夹芯，要衔接不渗水。菇房一般为“非”字形排列，各个房门统一开向中间的缓冲走廊，走廊 4 米宽。

3. 配套设备 根据栽培品种不同，育菇房内分别设置多层培养架或网格培养架、周转筐，用于排放菌袋长菇，并相应配备生态控制设施。其具体如下：

(1)培养架 按照培育品种，选择适用培养架，采用罐栽的，以多层培养架，立式摆放长菇；采用袋栽的，则适用双面网格培养架，卧袋排袋长菇。

(2)制冷设备 工厂化生产出菇完全靠制冷设置，控制适合本品种长菇环境条件。育菇房内的制冷设置，通常每房配置 1 台 5～8HP(马力)制冷机。常见有吊顶式电化霜冷风机，吸顶或双侧风冷风机，风冷压缩冷凝机组，螺杆式低温冷水机组，以及半封闭式压缩风冷机组等。根据育菇房大小，配置相应制冷机组。北方气温较低，冬季水管结冰会导致管道破损，因此应采用风冷或制冷机组；南方地下水丰富，且水温较低，可选用水冷式制冷机组。而罐栽育菇房偏大的，可选择多台侧向风冷式制冷机组。制冷机组的配置可通过制冷厂家，派专业人员根据当地各季气候，育菇房的体积大小、全方位实地考察测定。在配置制冷机组时，注意内循环风机，防止冬季外界气温低于制冷机组所设置的极限温标时，制冷机组难以启动，导致局部群体温度超标，影响正常长菇。

(3)加湿设备 根据不同菇房结构，不同育菇品种，不同生长阶段的加湿需求，配备加湿机。现有较为理想的有广东佛山泰腾机电设备公司研发的一种菇房专用超声波高压微雾加湿机，每平方米投资 35 元左右。

(4)光照设置 菇房内作业道上方，安装 60 瓦日光灯管或节能灯 1 盏。根据品种需光要求安装其他灯光，杏鲍菇、蟹味菇长菇阶段需蓝光或粉红光谱，应在培养架底层，沿直向各安装 LED 光带 2 条。

(5)净化气流交换设置 菇房内的气流组织是否合理，将会产生房内温度梯度，影响长菇的同步生长。因此，在风机布局时，保证冷风机流向一致，保持房内温度场和速度场的均均，避免空气流动的波动和空气回流。排除菇体生长过程产生的二氧化碳，改善房内空气质量，创造适合长菇环境条件，防止畸形菇发生。通气设施目前大多数菇房是正面安装 4 台进气风扇，菇房背面安装 4 台排气风扇(规格 25 厘米×25 厘米)或采用变频送风机进行空气交换。现有市场新出品一种新风换气机，通过传热板交换温度，又通过板上的微孔交换湿度，达到既通风换气又保持室内温、湿度相对稳定的效果。这种新风换气机的优点：内外双向换、新风等量置换，过滤处理配置不同过滤材料，可有效净化空气，防止病原菌的传播。

4. 自动化智能控制系统 食用菌工厂化生产安装自动化智能控制系统，其成本比手工操作可节能降耗 10%。智能控制系统能够根据工厂化生产的不同品种的不同生长阶段所需的环境条件参数，通过智能系统计算机监控，来实现自动化控制菇房内的温度、空气相对湿度，二氧化碳含量，新风循环，光照等环境，使菇房内始终处于最佳的长菇所需环境状态。自动化控制系统还能带有 RS 485 通讯接口，能与计算机联网，构成环境集成控制系统。对全厂所有菇房进行统一的温测管理，能够实时显示并自动记录每房的温、湿度，二氧化碳含量，以及外围设备的工作状态，自动报警并记录发生的时间和原因。1 台计算机可以监控 400 多间菇房，还可以通过互联网实时了解菇房环境状态及设备的运行状况等信息，实现远程监控。专业厂家江苏泰州四通自控技术公司(咨询电话：0523—86834629)。

四、农业现有设施的利用

鉴于我国食用菌生产主体是广大农村，现有产业化栽培已形成规模，具有现成的多种形式菇房，为秀珍菇设施化栽培创造了条件。下面介绍适合秀珍菇设施栽培的菇房，各产区可根据生产规模和当地自然气候，因地制宜选择性取用。

（一）现代化温室

温室栽培秀珍菇科技含量高，是实现高产优质高效途径之一，是实施"绿色工程"生产高品位秀珍菇的有力手段。尤其北方气候寒冷，在冬季长菇十分不利。利用温室栽培可以人为创造适应秀珍菇生长的生态条件，使菇品早上市、晚登场，反季节生产。有效地改变了常规栽培产品过分集中，市场容纳不下，价格暴跌，效益欠佳，栽菇者受供需弹性约束的被动局面。

我国科研部门在温室设计研究和利用方面做出了重大贡献。河北省邯郸市胖龙温室工程有限公司研制出品多种型号的现代化温室，全天候正常作业的环境控制设备，包括加温，降温，遮阳，微喷增湿，计算机控制等配套生产线，成为我国最先进的温室系统设备，对优化食用菌产业，创造理想的效果，提供了良好的环境。其中 WJK-108 文洛式温室，采用热镀锌钢制成骨架，聚碳酸酯中空板覆盖材料，铝合金型材或专用聚碳酸酯连接密封卡件。一跨三尖顶，大跨度、多雨槽，排水性能强；外设遮阳幕，荫蔽度的光线适合菇类子实体生长发育；顶窗 4 米×1 米，屋脊两侧交错开窗，开启角度可达 45°，屋顶通风面积为 23%～25%，驱动方式为齿轮，齿条转动，有利通风排湿，操作方便。室内宽大，方便设置隔间和排布多层菇床立体栽培或平地等高垒菌墙栽培。温室栋宽 10.8 米，开间 4 米，长度 4 米的倍数，屋脊高 4.87 米/4.37 米，抗雪载

0.3kN/米^2,抗风载0.5kN/米^2(kN为千牛,大气压计量单位),吊挂载荷15千克/米^2。

温室采用计算机控制系统,由气象检测、微机、打印机、主控器、温湿度传感器、控制软件等组成。系统功能可自动测量温室的气候和土壤参数,并对温室内配置的所有设备能实现现代化运行自动控制,如开窗、加温、降温、光照、喷雾、环流等。

(二)专业性塑料大棚

秀珍菇专业性大棚可以利用农业保护地设施,在选择上注意质量和适用性。

1. 大棚骨架　近年来国内研制成功一种无支柱大棚,其骨架选用第三代高强度改良型配方,采用叠式加强和复次增强工艺制成,其特点:抗折压(直径40毫米的支架,承重可达400千克);耐腐蚀(取样浸泡于硫酸等剧腐化学溶液中72小时,色泽及韧性无明显变化);超韧性(棚高、跨度均可随意弯曲调整,支架随意锯,刨,钉,钻);高硬度(比水泥更牢固,比钢铁更实用);外观美(表面光滑,不伤棚膜,体质轻便,颜色任意调配,环保无污染);建造方便(棚内不需支柱,方便机械操作,任意安装拆移,此种大棚骨架适用安装栽培秀珍菇的菇棚)。

2. 大棚盖膜　现行最为广泛采用的是聚氯乙烯薄膜,即PVC薄膜,分为有滴薄膜、无滴薄膜和半透明薄膜。其厚度0.13毫米的为好,宽幅有180厘米、230厘米和270厘米或更宽的。可根据菇棚大小而定。近年来又研发出品一种醋酸乙烯薄膜,即ZVA薄膜,具有冬天不变硬,夏天不粘连,采取热焊接,加工容易,适宜北方寒冷地区,大棚覆盖。在低温下不会失去柔软性,覆盖紧密,棚顶也不会发生兜水现象。

3. 棚顶遮阳　大棚上面的遮阳材料,应根据秀珍菇子实体生长发育所需的阴湿环境。遮阳度要求90%为宜。常见的遮阳覆盖材料有反光膜、黑色塑料膜、塑料遮阳网,化纤隔热毡等;农村大多采用稻草苫、稻草帘、蒲草苫、蒲草帘、芦帘等。选择时掌握只要能遮阳阴湿,冬天能保温的材料均可利用。但必须选用没有腐烂、无致病菌的材料为好。规范化塑料大棚见图 2-1。

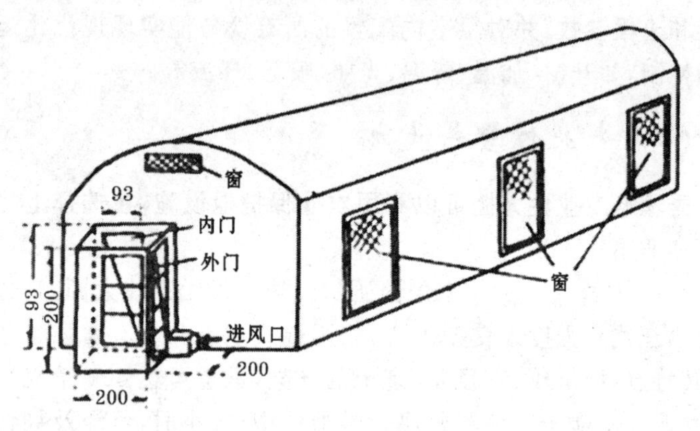

图 2-1　规范化塑料大棚　(单位:厘米)

(三)农村通用菇房形式

随着秀珍菇的发展,南北产区根据当地气候特点建造了多种形式相适应的菇房。

1. 屋式菇房　屋式菇房以砖木结构或钢筋混凝土结构,宽畅明亮。菇房宽 3.6～4 米、高 4 米、长 10 米。前后开 2 扇对向房门,门上各开 1 个通风窗,安装玻璃门;也可在房门两侧各开 2 个通风窗,有利通风换气和引进光线,门窗安装细度尼龙网纱,防止蚊、虫、蝇侵入。房内设多列排袋网墙,中间为走道,排袋网格采用防锈铁丝制成框格(15×15 厘米)式。秀珍菇菌筒卧排于框格内,高度 20 筒,形成菌墙,立体栽培。菇房可以单栋建造或数栋连建,节省左右墙投入,降低造价。

2. 拱式菇棚　拱式塑料菇棚,以每 5 根竹竿为一行排柱,中柱1根高2米，二柱2根高1.5米，边柱2根高1米。排竹埋入土中，上端以竹竿或木杆相连，用细铁丝扎住，即成单行的拱形排柱。排柱间距离1米，排柱行数按所需面积确定。拱式菇棚见图2-2。

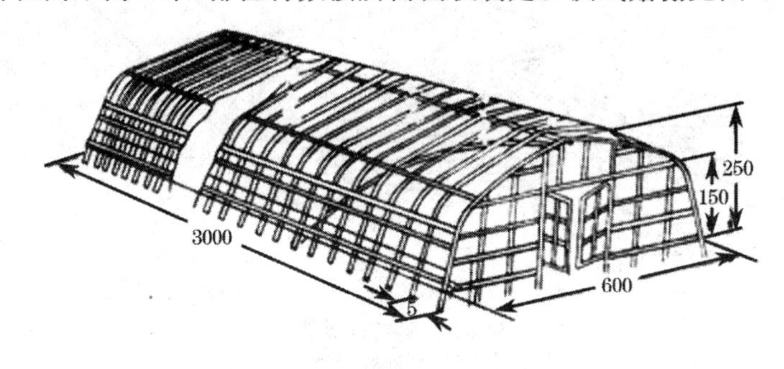

图2-2　拱式菇房　（单位：厘米）

3. 墙壁式菇棚　墙壁式菇棚，仿薄膜日光温室设计，能借助日光增温。菇棚三面砌墙，顶部和前面覆盖塑料薄膜，后墙高2米，或距后墙0.7～1米再起中脊，两面山墙自后向前逐渐降低。在棚内埋立若干自后向前高度逐渐递减的排柱。柱上端用竹竿或木杆连接起来，形成后高前低一面坡形的棚架。然后覆盖塑料薄膜并以绳索拉紧，两侧墙留房门。墙壁式菇棚见图2-3。

4. 环式菇房　环棚式菇房，又称圆拱式薄膜菇棚。棚架材料可用竹、木或废旧的钢材，一般中拱高2.5～2.8米，周边高1.5～2米、宽4～5米，长依面积而定。框架搭好后覆盖聚乙烯薄膜，外面再盖上草苫，以防阳光直晒。东、西侧棚顶各设1个拔风筒，棚的东西两面正中开门，门旁设上下通风窗。棚外四周1米左右开排水沟，挖出的土用来压封薄膜下脚。

5. 地沟菇棚　北方气候冷季，风沙干燥，可建造地沟环式菇房。利用地下条件保温保湿、防风沙。这种地沟菇房，一般平地挖深2～2.3米，夯实底层，并铺上炉渣，起隔热防寒作用。地面以上用砖砌成圆拱形棚。棚顶尖峰高50～60厘米；旁边开设活动窗，

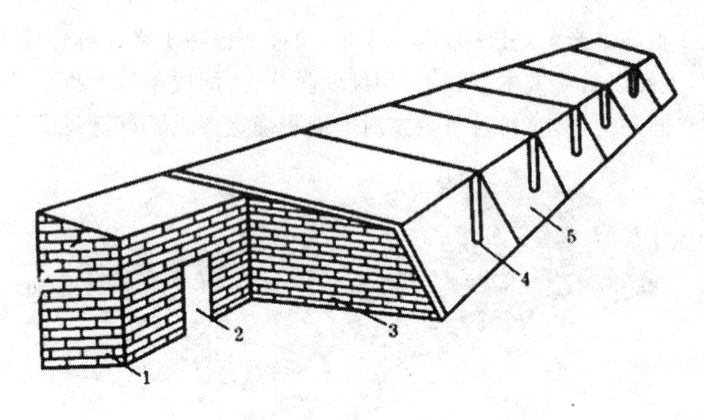

图 2-3 墙壁式菇棚

用来引光和通风。菇棚之间开 1 条水沟,菇棚内设菌筒排放框格网。卧袋墙式层叠。地沟菇棚见图 2-4。

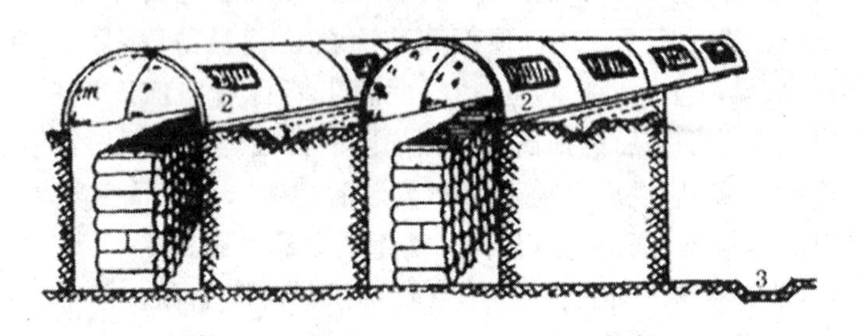

图 2-4 地沟菇棚

五、人防设施的开发利用

我国大中城市人防设施,包括防空洞、地道、坑道、地下室,数量可观,除少数城市有部分作为地下商场或旅馆开发利用外,相当数量人防设施被闲弃。人防设施具有冬暖夏凉独特的气候特点,可以引用栽培秀珍菇,实现周年生产。

（一）防空洞

此类人防设施，多为山区城市，重庆市1个防空洞可容栽培70万袋秀珍菇，潜力很大。福建三明市设在山里的防空洞，夏季（7～8月份）外界气候30℃以上，而防空洞内为20℃；寒冷冬季（12月份～翌年1月份）外界气温低于8℃时，秀珍菇难以形成子实体，而此时防空洞内仍保持17℃～18℃，适合秀珍菇生长发育。防空洞是实现秀珍菇周年制栽培的一处好设施。

（二）防空地下室

此类人防设施是建在高大楼房下，一般距地面3米左右，部分地下室为半地下式，高出地面0.5～1米，地面部分有透气窗，具有较大的进出口，在照明、供电、供水及搬运原料和菇品均较为方便，不需做过大的处理，可用于栽培秀珍菇。

（三）地　道

地道大多设在地下3～10米深，分单巷通道和多巷回廊式。前者通风换气较好，死角少。地道除进出口之外，还设计有竖井，上面装有拔气筒，可利用拔气筒高低位差，形成的风压进行自然换气。这类地道在秀珍菇生长后期要注意通风管理，因为后期菇体呼吸量大，地道内空气流通不好，湿度过大，满足不了秀珍菇对氧气的需求量。可在通气处设置通风设备，强制通气。面积在1 000米^{2}的大型地道，安装通风量为1 500～2 000米^3/时的离心式通风机。其特点风压低，风量大，送风距离短。面积在200米^{2}以下的小型地道，在出口处安装1台轴流式风扇即可。地道内光线较暗，为解决出菇阶段需要的微弱光线，应每隔5米宽设置1盏15瓦的节能灯，固定在顶部中央处，使秀珍菇定向生长，菇体不散乱，以获得整齐的商品性好的鲜菇。

(四)坑　道

坑道大多距地面较深,一般在10米以下,具有冬、夏温差较小、气温恒定的特点。大型坑道是按照地下粮库、军械库、车库、医院等形式设计的,质量较高、规模大、进、出口较多,设计有通风口。利用这类大型坑道时,只需将原来的通风口打开,在出菇时注意加强通风。小型坑道面积较小,宽1.6~2米,较短,多为1个进出口,通风条件差,排湿困难,利用小型坑道时,要安装排风设备,进行强制通风。

六、生产设施安全质量标准

(一)产地无公害条件

随着《国家农产品质量安全法》的实施和食品安全意识的增强,人们对食品的要求,从过去单纯讲究品位、营养,逐步转向绿色、安全、保健,这已成为时代消费新潮。秀珍菇的栽培场地的生态环境,应符合农业部农业行业标准NY/5358—2007《无公害食品　食用菌产地环境条件》的要求。重点检测土壤、水源水质和空气这3方面的质量。

1. 土壤质量标准　无公害产地土壤质量要求,见表2-1。

表2-1　生产用土中各种污染物的指标要求

序　号	项　目	指标值(毫克/千克)
1	镉(以Cd计)	≤0.40
2	总汞(以Hg计)	≤0.35
3	总砷(以As计)	≤25
4	铅(以Pb计)	≤50

2. 水源水质标准　无公害栽培生产用水,各种污染物含量不

超过下列表中的指标，见表 2-2。

表 2-2　水源水质标准

序　号	项　　目	指标值
1	浑浊度	≤3°
2	臭和味	不得有异臭、异味
3	总砷(以 As 计)(毫克/升)	≤0.05
4	总汞(以 Hg 计)(毫克/升)	≤0.001
5	镉(以 Cd 计)(毫克/升)	≤0.01
6	铅(以 Pb 计)(毫克/升)	≤0.05

3. 空气质量标准　产地空间要求大气无污染，空气质量指标要求不超过表 2-3 所列。

表 2-3　环境空气质量标准

项　　目	指　标	
	日平均	1 小时平均
总悬浮颗粒物(TSP)(标准状态)(毫克/米^3)	0.30	—
二氧化硫(SO_2)(标准状态)(毫克/米^3)	1.5	0.50
氮氧化物(NOx)(标准状态)(毫克/米^3)	0.10	0.15
氟化物(F)微克(分米^3/天)	5.0	—
铅(标准状态)(微克/米^3)	1.5	—

(二)房棚设施安全标准

栽培房棚总体要求，应符合国家农业部 NY/T 391—2000《绿色食品　产地环境技术要求》和秀珍菇生理生态环境条件的需要。具体安全条件如下。

专业性工厂化生产的企业，应专门建造菌袋培养室，民间可利用民房养菌或在野外干燥场地搭盖塑料荫棚发菌。标准培养室必须达到“五要求”。

1. 远离污染区 培养室至少300米以内无食品酿造工业、畜舍、垃圾(粪便)场、水泥厂、石灰厂等扬尘厂(场);还得远离公路主干线、医院和居民区。防止生活垃圾,有害气体,废水和人群过多,造成产品污染。

2. 结构合理 培养室应坐北朝南,地势稍高,环境清洁;室内宽敞,一般32～36米^{2}面积为适。培养室内搭培养架床6～7层,栽培1万袋秀珍菇,其菌袋培养室需125米^2。室内墙壁刷白灰,门窗对向能开能闭,并安装每厘米20目的尼龙窗纱防虫网;设置排气口,安装排气扇。

3. 生态适宜 室内卫生、干燥、防潮、空气相对湿度低于70%;遮阳避光,控温23℃～28℃,空气新鲜。

4. 无害消毒 选用食用菌专用的气雾消毒剂,使之接触空气后,迅速分解或对环境、人体和菌丝生长无害的物质,又能消灭病原微生物。

5. 物理杀菌 室内装紫外线灯照射或电子臭氧灭菌器等物理消毒,取代化学物质杀菌。

(二)菇棚安全要求

子实体生长房统称菇棚。按照质量安全生产标准要求如下。

1. 结构合理 菇棚要求能保温、保湿,具有抵御高温、恶劣天气的能力,合理的空间和较高的利用率;结构固定安全,操作方便,经济实用。采用竹木作骨架;棚顶的经纬木竹条绑紧扎实,四周内用塑料薄膜,中间塑料泡沫板,外盖黑色薄膜。棚顶开通窗,顶上铺上茅草、树枝或草苫遮阳物"三阳七阴"的环境。菇棚北面、西面和围物要厚些,以防御北风和西北风。菇棚大小视场地而定,菇棚长向两端开2个对向门窗,有利空气对流。

2. 场地优化 选择背风向阳,地势高燥,排灌方便,水、电源充足,交通便利,周围无垃圾等乱杂废物。菇棚周围可种株叶茂盛的高大植物，以阻拦尘埃。固定性的菇棚旁可栽藤豆、猕猴桃、金银花、佛手瓜、藤蔓茂盛的作物，覆盖遮阳，又可增收经济收入。

3. 水源洁净　水源要求无污染，水质清洁，最好采用泉水、井水和无污染源溪河流畅的清水；不得使用池塘水、积沟水。

4. 茬口轮作　不是固定性的菇棚，应采取一年种农作物，一年栽培秀珍菇、稻菇合理轮作，隔断中间传播寄主，减少病虫源积累，避免重茬加重病虫危害。

5. 物理防虫设备　菇棚务必物理防虫杀虫设施。近年来浙江台州市华农筛网厂研制一种以聚乙烯(PE)为原料，添加紫外线稳定剂及防氧化处理，经拉丝编织而成的网状织物，无毒无味，以网隔离异障，将虫害拒于网外；同时不同颜色的防虫网的反射、折射光对害虫还能产生一定的驱避作用，属于绿色食用菌生产防控设施。产品规格 20～80 目，幅宽 1～3 米，卷长 500 米，适于房棚门窗和周围防控害虫设施。

(三)栽培原材料基质安全

国家农业部已公布 NY 5099—2002《无公害食品　食用菌栽培基质安全技术要求》。为此，原、辅材料要注意安全质量把关：栽培秀珍菇的原辅料来源之广，但有些原料在树木、棉花、甘蔗、玉米的生产过程中富集有重金属镉、汞、铅、砷或农药残留。这些有害物通过生物链，可不同程度地进入秀珍菇菌丝体，从而转移到子实体中造成污染。因此，在物料上必须把好质量关，原、辅料要求新鲜、洁净、干燥、无虫、无霉烂变质、无异味；对棉籽壳等必须进行重金属和农药残留检测，只有不超标的原料才可采购，杂木屑应除去桉、樟、槐、苦楝等含有害物质树种，才能用于栽培无公害秀珍菇。原料进仓前要采取烈日暴晒，杀灭病原菌和虫害、虫蛆；堆放原料的仓库要求干燥、通风、防雨淋、防潮湿，才能确保原料不霉烂，不变质。培养基的化学添加料严格按照以下标准使用，不得超越范围,见表 2-4。

表 2-4 秀珍菇无公害栽培基质化学添加剂规定标准

添加剂种类	使用方法和用量
尿　素	补充氮源营养,0.1%～0.2%,均匀拌入栽培基质中
硫酸铵	补充氮源营养,0.1%～0.2%,均匀拌入栽培基质中
碳酸氢铵	补充氮源营养,0.1%～0.5%,均匀拌入栽培基质中
氰铵化钙(石灰氮)	补充氮源营养和钙素,0.2%～0.5%,均匀拌入栽培基质中
磷酸二氢钾	补充磷和钾,0.05%～0.2%均匀拌入栽培基质中
磷酸氢二钾	补充磷和钾,用量为 0.05%～0.2%,均匀拌入栽培基质中
石　灰	补充钙素,并有抑菌作用,1%～5%均匀拌入栽培基质中
石　膏	补充钙和硫,1%～2%,均匀拌入栽培基质中
碳酸钙	补充钙,0.5%～1%,均匀拌入栽培基质中

七、设施化栽培配套机械设备

秀珍菇设施化栽培,其长菇载体是菌袋,又称菌包。料袋生产实行机械化制作,其生产线为原料切碎、过筛、输送、混合搅拌、冲压装袋、料袋灭菌。

(一)原料切碎搅拌生产线

原料切碎和培养料混合搅拌机械设备如下。

1. 切碎机械　原料切碎机械应选用木材切片与粉碎一次合成的新型切碎机械。常见的有 MFQ-553 菇木切碎两用机、ZM-420 型菇木切碎机、6JQF-400A 型秸秆切碎机等。此类切碎机生产能力高达 1 000 千克/台·时,配用 15～28 千瓦电动机或 11 千瓦以上的柴油机。生产效率比原有机械提高 40%,耗电节省 1/4,

适用于枝桠、农作物秸秆和野草等原料的切碎加工。

2. 过筛输送搅拌机组　该机组由 PSS-30 型培养料筛选输送机和 WJ-300 型隔仓式搅拌机混合组成，每小时可输送混合拌料 4～6 吨（湿料），可供 2～3 台装袋机用料，拌出的料均匀度、混合度和松软度都达到理想效果。拌料线可以倒装，用铲车装料时先搅拌，出料后由输送带送到振动筛选过杂质。该机组净重 700 千克，电机功率 7.5 千伏，转速 1 440 转/分，输送带长 9 米，提料高度 2.5 米。

一般生产单位宜用自走式搅拌机 现有较为先进的是自走式搅拌机，由福建省古田县文彬食用菌机械修造厂研制出品，获得国家发明专利。该机以开堆机、搅拌器、惯性轮、走轮、变速箱组成，配用 2.2 千瓦电机，漏电保护器。堆料拌料量不受限制，只要将机械开进堆料场打开开关，自动前进开堆拌料并复堆。它与漏斗式、滚筒式搅拌机相比，省去装料、卸料工序。因此，生产功率高达 5 000 千克/台・时，比以前提高 5 倍，而且拌料柔匀，有利于菌丝分解。机身自重 120 千克，体积 100 厘米×90 厘米×90 厘米（长×宽×高）占地面积仅 2 米^2，是我国近代食用菌培养料搅拌机械体积小、产量高、操作方便、实用性强的理想拌料机械设备，因此产品面世后便受到菇农欢迎。

（二）培养料装袋生产线

具有一定规模的生产基地，应选用福建漳州产 ZD1000 型和河南兰考产 ZDX-B 型容积式冲压装袋机。自动化程度和生产功率高。5 人操作，生产能力 1 万～2 万袋/班（10 小时）。冲压装袋，装料高度一致，冲压紧密，外围圆整。冲压后料袋高度可调，料面平整；中部有一锥形孔，孔深 120 毫米，有利于菌种接入孔内，缩短发菌周期。配套动力 Y100L-4.3 千伏、三相异步电动机。外形尺寸（长×宽×高）1 338 毫米×1 395 毫米×1 880 毫米，净重 480

千克。拌料和装袋2条生产连在一起，占地面积12.5～14.5米×4.5米(长×宽)。

装袋机型号较多，而且不断改革创新，栽培者可根据生产规模选择购置。

1."太空包"生产线 具有一定生产规模的厂(场)，应选择自动化冲压装袋生产线的机械设备。这套机组包括培养料振动过筛→搅拌→输送→冲压装袋，全程自动操作。全流水线配备5～6人，生产能力1万～2万袋(10小时/班)。

2. 自动程控装袋机 该机采用机电一体化设计，控制部分采用PLC可编程控器，元件采用中德合资正德，离合器采用电磁离合器。该机设计精巧，制作精良，装袋迅速，更换附件可装粗细、长短多种菌袋。

3. 多功能装袋机 一般菇农可选用普通多功能装袋机，配多种规格的套筒，1.5千瓦电机，生产能力1 500～2 000袋/时，价格360元(不带电机)，较为经济实用。

4. 料袋扎口机 近年来研制出一种ZK70型菌袋扎口专用机械。可用于折径15～23厘米、厚0.04～0.08毫米的栽培袋快速牢固扎口作业，有效地取代手工捆扎袋口的工序。培养料装袋后，采用塑料套环棉花塞口。一般通用装袋机可用料袋扎口机扎口或手工扎口。

八、灭菌设施

灭菌是秀珍菇栽培必不可少的一种基本设施，培养料装袋后必须经过灭菌处理，方可进入接种培养。灭菌设施分为包括高压灭菌和常压灭菌两种。高压灭菌主要用在菌种的培养基杀菌，常压灭菌适用大面积栽培的料袋灭菌。下面介绍常压灭菌与微波灭菌。

（一）蒸汽炉简易灭菌灶

有条件的单位可采用铁皮焊制成料袋灭菌仓，配锅炉或蒸汽炉产生蒸汽，输入仓内灭菌。一般栽培户可采用蒸汽炉和框架罩膜组成的节能灭菌灶，也可以利用汽油桶加工制成蒸汽炉灭菌灶。每次可灭菌料袋 3 000～4 000 袋，少则 1 000 袋均可。蒸汽炉箱框灭菌灶见图 2-5。

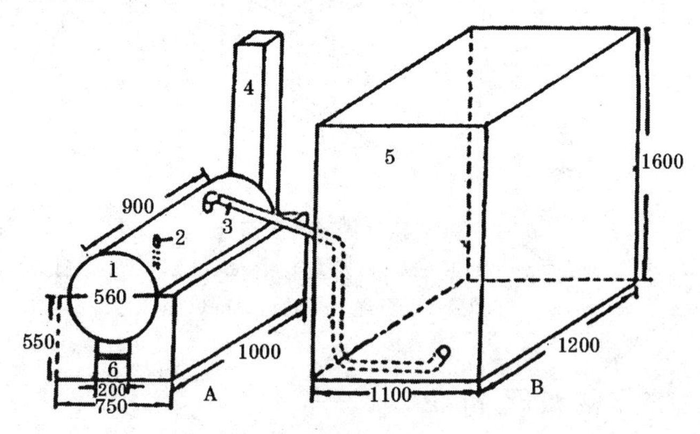

图 2-5　钢板平底锅罩膜常压灭菌灶　（单位：厘米）

A. 蒸汽发生器　B. 蒸汽灭菌箱

1. 油桶　2. 加水机　3. 蒸汽管　4. 烟囱　5. 灭菌箱　6. 火门

（二）钢板锅大型罩膜灭菌灶

生产规模大的单位可采用砖砌灭菌灶，其体长 280～350 厘米、宽 250～270 厘米，灶台炉膛和清灰口可各 1 个或 2 个。灶上配备 0.4 厘米钢板焊成平底锅，锅上垫木条，料袋重叠在离锅底 20 厘米的垫木上。叠袋后罩上薄膜和篷布，用绳捆牢，1 次可灭菌料袋 6 000～10 000 袋。钢板平底锅罩膜常压灭菌灶见图 2-6。

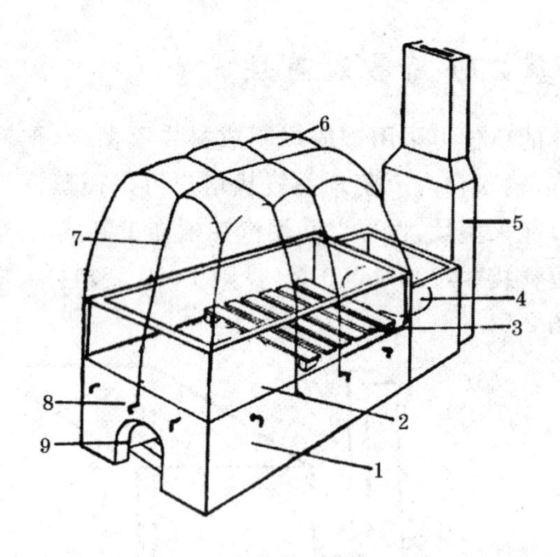

2-6　蒸汽炉简易灭菌灶

1. 灶台　2. 平底钢板锅　3. 叠袋垫木　4. 加水锅　5. 烟囱
6. 罩膜　7. 扎绳　8. 铁钩　9. 炉膛

(三)钢板灭菌柜

近年来科研部门适应秀珍菇等食用菌大规模生产需要,研发一种新型的钢板常压灭菌柜,密封性好,灭菌彻底,1 次可灭菌 1.8 万袋。其结构如下。

1. 柜体规格　柜体采用 6 毫米钢板焊制,长 4 米、宽 3 米,四周高 2.2 米,中间尖锋 2.6 米,直向开 2 个宽 1.1 米、高 1.9 米的对开门,用于料袋进出。

2. 灶底结构　灶底脚砖 10 厘米高,设 3～4 行通气道,钢管四角摆布,钢管面打许多通气孔,气口朝中心。

3. 配套钢板锅　按灭菌柜长宽规格用 6 毫米钢板焊制成高 4 厘米,长方钢板锅,体高 35×40 厘米,锅口边宽 5～6 厘米,锅中间用木条制成摆袋垫。

4. 灭菌容量　采用扁铁制成料袋周围筐，每筐装量17×38厘米的规格袋，40袋。整个灭菌柜装150筐，容量为6 000袋。

5. 送汽设备　采用1吨锅炉燃烧送汽。灭菌时间以蒸汽进柜达100℃后，保持30小时，有效彻底杀灭料袋中潜藏的杂菌和细菌。

古田县食用菌主产区，建立专业性群体灭菌柜，一个锅炉送汽10个灭菌柜，一次灭菌7万～8万袋，作为一个企业经营，专门代菇农拌料、装袋、灭菌，收取加工费。

（四）高温灭菌真空冷却双效锅

工厂化栽培的焦点难题是菌袋污染率，正因如此使生产成本大增，究其原因是料袋灭菌不彻底。江苏洽爱纳机械有限公司王群祥（2012）报道一种料袋高温灭菌真空冷却双效锅。基于真空脉动灭菌锅为基础，加上真空冷却技术组合而成的新型灭菌设备，十分适用于工厂化栽培料袋灭菌。

1. 双效锅优点　灭菌时间短，料袋从100℃冷却到常温只需45分钟左右；完全处于无菌密封的真空状态下完成冷却，可避免灭菌冷却两段制之间交叉污染，且冷却均匀；能有效控制料袋在60℃～30℃时产生的生物发酵，即抑制料袋中残留的杂菌芽孢萌发生长速度。真空冷却过程其实也是一个培养料低压膨化的过程，有利以后料袋接种后，菌丝良好地吸取养分。

2. 操作程序　该灭菌设备分为高温灭菌、真空冷却和空气净化变压3步过程。

第一步高温灭菌。高温灭菌由真空泵组将灭菌锅抽取真空，灭菌锅内空气压力的不断降低，达到真空度在0.08～0.09兆帕之间时真空泵组停止，打开锅炉送来蒸汽的阀门，得到灭菌锅内料袋迅速升温，待灭菌锅内温度上升到50℃后，关闭蒸汽阀门，并再次由真空泵组将灭菌锅抽真空，当真空度在0.04～0.06兆帕之间，关闭真空泵组，并打开锅炉送来蒸汽阀门，使灭菌锅内再次升温到120℃后进行保温保压。

第二步真空冷却。当料袋灭菌工作结束，关闭所有排气、排冷凝水阀门，启动真空泵组灭菌锅内料袋温度迅速下降至30℃～38℃时，冷却系统开始警报，以示料袋冷却工作结束。

第三步净化复压。当冷却结束后，即打开复压阀门让经过过滤的灭菌空气进入灭菌锅内，使锅内气压恢复到零压状态，即可开启在无菌区域端的门禁，拉出菌料车，分别取出料袋，即可投入下一步料袋接种工序。

第三章　秀珍菇设施栽培菌种制作工艺

一、菌种厂基本设施

秀珍菇菌种生产配套设施，包括高压蒸汽灭菌锅、无菌室、接种箱、超净工作台等按常规设置。下面侧重介绍紫外线杀菌设备和菌种培养设施及常用接种工具。

（一）紫外线杀菌设备

紫外线主要用于接种箱（室）的杀菌，是一种短波光线，波长范围136～390纳米，其中200～200纳米具有杀菌作用，260～280纳米杀菌力较强，265纳米杀菌力最强，是常用的杀菌工具。

1. 主要性能　紫外线对物体的穿透力差，不能透过不透明的物体，仅对空气和物体表面有杀菌作用。其杀菌效果与紫外线灯的功率及距离有关。一般30瓦的灯管，有效区为1.5～2米范围内，以1.2米以内为好。

2. 使用方法　每次接种前将所需用具及灭过菌的培养基，一并移入接种室，菌种必须用报纸覆盖防护。然后打开紫外线灯，一般10米^{2}的空间，用30瓦紫外线灯照射30～40分钟即可。关闭紫外线灯后，不要马上开启日光灯，如是白天作业，最好将灭菌场所遮光30分钟，以免产生光复活作用，降低灭菌效果。紫外线灯使用方便，对物品无损害，但对人体有害，特别是能引起电光性眼炎，要注意防护。

(二)菌种培养设备

菌种培养室要求环境洁净,保温恒温性能好,墙壁要厚,加贴隔热材料,要安装空调设施。培养室可设置数间,以满足同一季节内生产不同种类的不同培养温度要求。培养室要求通风、干燥、冬暖夏凉,场所宽敞、低水位,砖木结构或钢筋混凝土结构。培养室设置推拉门,门边墙体下脚应设置 30 厘米×30 厘米的进气口;墙上角设排气口,进、排气口均应可开闭;屋顶安装自动排气风球。培养室高度以 2.5～3 米为宜。室内墙壁粘贴自熄性聚乙烯泡沫板,切勿填充谷壳及废棉作为保温材料,否则易引起螨类、杂菌滋生。地面要求水泥砌成,以减少尘土飞扬,并注意地面隔潮。

秀珍菇在制作母种和少量原种接种时,一般采用电热恒温箱培养,其结构严密,可根据菌种性状要求的温度,恒定在一定范围内进行培养。专业性菌种厂(场)可向电器商场购置此种设施。恒温箱也可以自行取料制造,箱体四周采用木板隔层,内用木屑或塑料泡沫作保温层。箱内上方装塑乙醚膨片,能自动调节温度;箱内两侧各钉 2 根木条,供搁托盘用。箱顶板中间钻孔安装套有橡皮圈的温度计。旋钮和刻度盘安装在箱外。箱底两侧设 1 个或几个 100 瓦的电灯泡作为加热器。门上装 1 块小玻璃供观察用。自制恒温箱见图 3-1。

(三)干湿球温度表

这是测定空气相对湿度的仪器,是在一块小木板上装有两根形状一样的酒精温度表,左边一根为干表,右边一根球部扎有纱布,经常泡在水盂中为湿表,中间滚筒上装有干湿度对照表。

(四)接种工具

接种工具应选用不锈钢制品,分别有接种铲、接种刀、接种耙、接种环、接种钩、接种匙、弹簧接种器、镊子(图 3-2)。

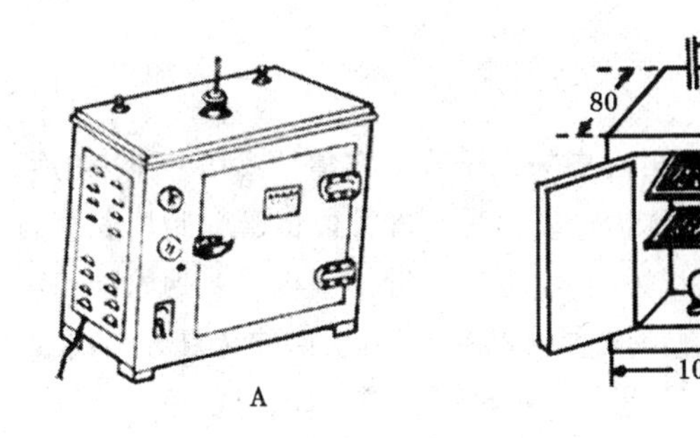

图 3-1　恒温培养箱　（单位：厘米）

A. 商品恒温箱　B. 自制恒温箱

1. 温度计　2. 木屑填充　3. 架网　4. 灯泡

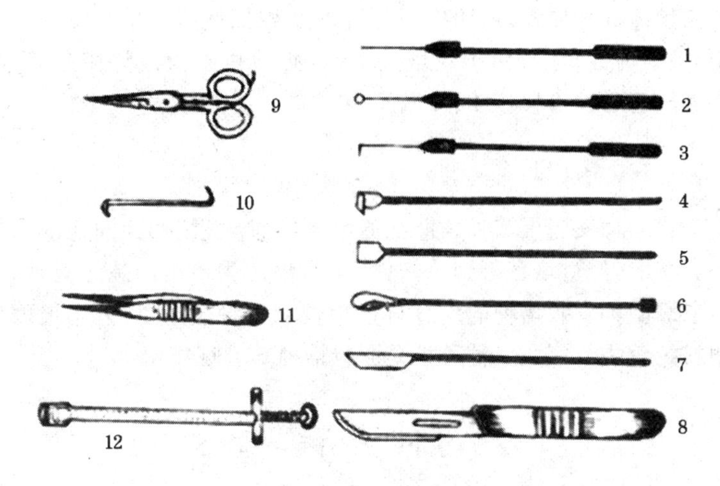

图 3-2　接种工具

1. 接种针　2. 接种环　3. 接种钩　4. 接种锄　5. 接种铲　6. 接种匙　7,8. 接种刀　9. 剪刀　10. 钢钩　11. 镊子　12. 弹簧接种器

二、秀珍菇菌种分级

秀珍菇菌种分为母种、原种、栽培种 3 个级别。

（一）母　种

用秀珍菇子实体弹射出来的孢子或子实体分离培养出来的第一次纯菌体，称为母种，也称为一级菌种。母种以试管琼脂培养基为载体，所以常称琼脂试管母种，斜面母种。母种直接关系到原种和栽培种的质量，关系到秀珍菇的产量和品质。因此，必须认真分离，经过提纯、筛选、鉴定后方可作为母种。母种可以扩繁，增加数量。

（二）原　种

把母种移接到菌种瓶内的木屑、麦麸等培养基上，所培育出来的菌丝体称为原种，又叫二级菌种。原种虽然可以用来栽培秀珍菇，但因为数量少，用于栽培成本高，必须再扩大成许多栽培种。每支试管母种可移接4～6瓶原种。

（三）栽培种

栽培种又叫生产种。即把原种再次扩繁，接种到同样的木屑培养基上，经过培育得到菌丝体，作为生产秀珍菇的栽培菌种，又叫三级菌种。栽培种的培育可以用玻璃菌种瓶，也可以用聚丙烯塑料折角袋。每瓶原种可扩繁成栽培种60瓶（袋）。

三、母种培养基配制

（一）培养基配方

1. PDA培养基配方　马铃薯200克（用浸出汁），葡萄糖20克，琼脂20克，水1000毫升，pH值自然。

制作方法：选择质量好的马铃薯，洗净去皮，若已发芽，要挖去芽及周围小块后，切成薄片，放进铝锅内，加清水1000毫升，煮沸

30分钟;用4层纱布过滤,取出汁液。若滤液不足1 000毫升,则加水补足。然后将浸水后的琼脂加入马铃薯中,继续文火加热至全部液化为止。加热过程要用筷子不断搅拌,以防溢出和焦底。最后加入葡萄糖,并调节酸碱度pH值5.6,趁热分装入试管内,管口塞上棉花塞。

2. CPDA培养基配方　马铃薯200克(用浸出汁),葡萄糖20克,磷酸二氢钾2克,硫酸镁0.5克,琼脂20克,水1 000毫升,pH值自然。

制作方法:同PDA,在加入葡萄糖时加入磷酸二氢钾和硫酸镁。

3. CMA培养基配方　玉米粉60克,蔗糖10克,琼脂20克,清水1 000毫升,pH值自然。

制作方法:把玉米粉加冷水调成糊状,再加清水500毫升稀释,煮沸20分钟,用纱布过滤取出液汁,另将琼脂加500毫升清水煮沸融化。然后将两液混合后分装入试管。

4. PGA培养基配方　蛋白胨2克,葡萄糖20克,硫酸镁0.5克,磷酸二氢钾0.5克,维生素$B_1$0.5克,琼脂20克,水1 000毫升,pH值自然。

制作方法:将琼脂浸水后,加入煮沸的热水中融化,然后加入葡萄糖,文火煮溶后趁热分装入管。

5. EA培养基配方　干麦芽250克,琼脂15克,水1 000毫升,pH值自然。

制作方法:将干麦芽粉碎成细末,加清水倒入铝锅中,以60℃～65℃(不超过70℃)的温度加热1～2小时,使之糖化。然后抽取少量,用碘液检查是否残留淀粉。如含有淀粉,糖汁会变成蓝色,此时应继续加热至蓝色完全消失。糖汁的浓度以10%～12%较为适用。煮沸后应立即用纱布过滤去渣。滤液不足1 000毫升时,应加沸水补足,然后加入琼脂融化分装入试管。

6. YMA培养基配方　木屑200克,米糠100克,硫酸铵1

克，蔗糖 10 克，琼脂 20 克，清水 1 000 毫升，pH 值自然。

制作方法：将适宜种菇的木屑和米糠一起放入铝锅内，加水煮沸 30 分钟。过滤取出汁液，再用热水补足 1 000 毫升，加入琼脂，继续加热至全部溶化。然后加入已溶化于少量水的蔗糖和硫酸铵，混合拌匀后分装入试管。

7. CM 培养基配方 蛋白胨 15 克，葡萄糖 10 克，琼脂 18～20 克，磷酸二氢钾 1 克，硫酸铵 1 克，硫酸镁 0.5 克，维生素 B_1 0.5 克，清水 1 000 毫升，pH 值自然。

8. Riehards 利查茨培养基配方 硝酸铵 10 克，硫酸镁 2.5 克，磷酸二氢钾 5 克，蔗糖 50 克，琼脂 25 克，蒸馏水 1 000 毫升，pH 值自然。

(二)应用计算机进行培养基配方

随着食用菌科研工作的深入开展，菌种培养基配方设计已进入电子计算机程序。利用计算机进行培养基的配方设计，可以解决数值不精确、费时间等问题。现将浙江省庆元县高级职业中学吴继勇等研究的成果进行介绍。该配方系统设计科学，操作简便，即使是初接触计算机者，也能完成配方设计。

1. 设计系统

(1)数据维护　在系统提供的数据上，用户可以根据刚得到的资料，进行增、删、改。

(2)配方设计　用户只需输入一些数据，系统自动完成中间的一切运算，使结果显示在屏幕上，或从打印机输出。可以设计母种、原种、栽培种的配方，还可以核算配方的成本等。

(3)编辑功能　用户可对系统内部配方进行编辑。如增加主料的数量和辅料的数量，也自动增加。

(4)查询功能　通过该功能，用户可以查询系统贮存的数据资料，包括以往设计的配方。

2. 操作步骤

第一步确定目标：首先确定进行何种预算（生产成本、生产数量、标准配方等）。

第二步选择名称：选择菌种品名、主料名称等，仅需用键盘在屏幕上选择。

第三步提供资料：如果进行生产成本预算，还需输入各原料的单价；如果进行生产数量预算，除输入原料单价外，还需输入目标成本。

第四步输入单价：对石膏粉、蔗糖等辅料的数量，系统会自动加进去，用户仅需输入单价。

按上述步骤操作后，如果输入数值正确，则在屏幕上显示最终结果，或从打印机输出。否则，提示用户重新操作。

（三）试管培养基制作流程

试管培养基又称琼脂培养基，是秀珍菇母种分离培育的基本载体，无论是通用培养基配方或是特需培养基配方，其配制工艺流程见图 3-3。

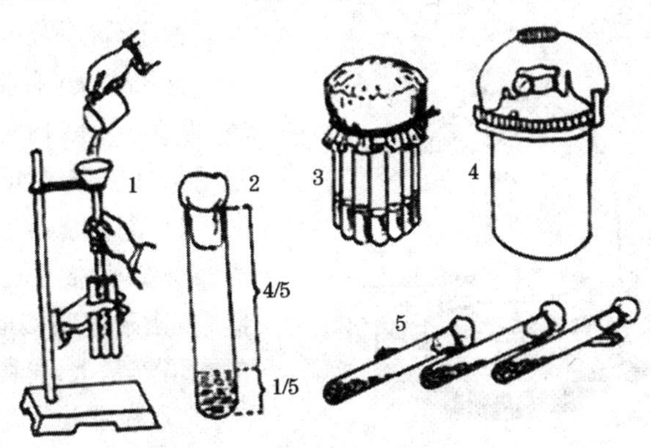

图 3-3 琼脂培养基配制工艺流程

1. 分装试管 2. 管口塞棉 3. 包扎成捆 4. 高压蒸汽灭菌 5. 摆成斜面

四、母种分离方法与操作技术

菌种的来源，即指菌种最初的分离与获得。在自然界中，秀珍菇始终和许多细菌、放线菌、霉菌等生活一起。因此，要获得高纯度的优良菌种，就必须用科学的方法，把它从这些杂菌的包围中分离出来。常用的科学分离方法有孢子分离法、组织分离法和基内菌丝分离法 3 种。

（一）孢子分离法

孢子分离法是利用菇体成熟的有性孢子（担孢子）或无性孢子（厚垣孢子、节孢子、粉孢子等）萌发成菌丝，来获得纯菌种的一种方法。孢子分离法又分为单孢分离和多孢分离两种方法。单孢分离法是取单个担孢子，接种在培养基上让它萌发成菌丝体，而获得纯菌种的方法；多孢分离法是把许多孢子接种在同一培养基上，让其萌发，自由交配来获得纯菌种的一种方法。

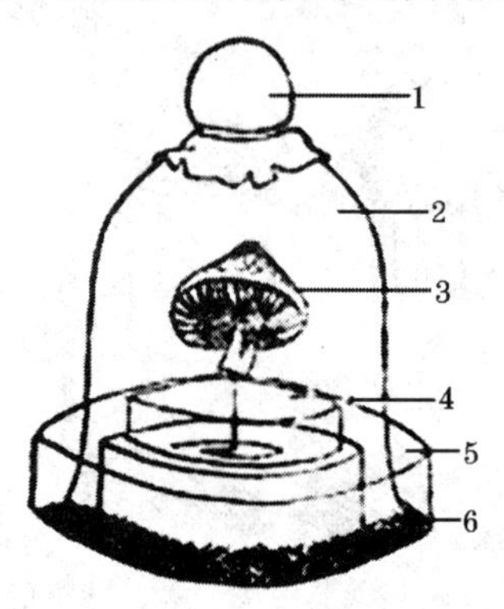

图 3-4　整菇插种图法

1. 消毒棉塞　2. 玻璃钟罩　3. 种菇　4. 培养皿　5. 搪瓷皿　6. 浸过升汞水的纱布

孢子分离操作技术：

孢子采集，有整菇插种法、贴附法等，均可收集到孢子。具体方法如下：

1. 插种法　将秀珍菇子实体整朵插于孢子采集器中，让菇体菌褶的孢子弹射在培养基上，见图 3-4。

2. 贴附法　贴附法是剪取秀珍菇子实体菌褶，贴附在试管培养基上方的管壁上，见图 3-5。

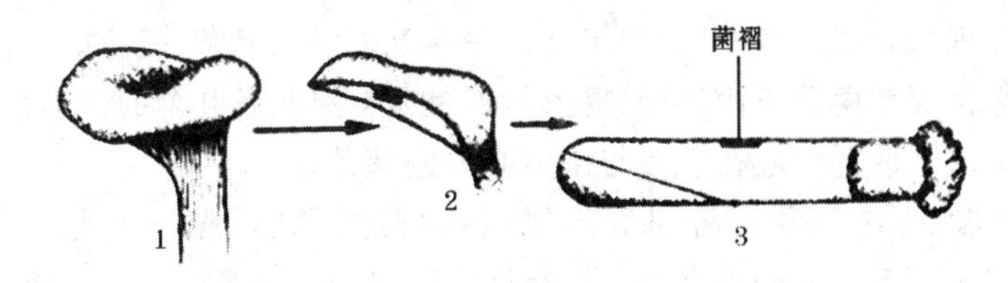

图 3-5　菌褶贴附法

1. 种菇　2. 切取菌褶　3. 贴附位置

(二)组织分离法

组织分离是采用子实体组织,进行分离获得纯菌丝的一种方法。子实体是由菌丝体扭结成具组织化的菌丝,从生物学的角度来看,组织分离犹如高等植物的组织培养和农作物的扦插繁殖。它们均具有较强的再生能力和保持本种性的能力,属无性繁殖范畴。组织分离取材广泛、操作简便、易于成功,经组织分离所得到的后代不易发生变异,一般继代能保持亲本的优良种性。它不仅适用于那些孢子不易萌发或单孢分离难度大的食用菌所采用,而且即使得到的纯菌丝后代和杂交育种获得的新菌株,也需用组织分离方法将其遗传性稳定下来。因此,组织分离是一种获得秀珍菇纯菌种的简便分离方法。

组织分离操作技术:

1. 种菇消毒　经过评审筛选符合标准的种菇,切去菌柄基部,置于接种箱内,蘸取 75%酒精,对种菇进行表面消毒,并用无菌滤纸吸干。或用 0.1%升汞水浸 1 分钟,再用无菌水冲洗并揩干,置于清洁的培养皿内备用。

2. 切取部位　分离时首先是操作者双手用 75%酒精棉球擦洗消毒,再用 75%酒精对菇体表面进行消毒。随即用解剖刀,在秀珍菇柄中部纵切一刀掰开菌伞,也可在菇柄下,用手掰开菌柄连菌伞;再用解剖刀在菇盖与切柄交界处切取组织块。组织块割取部分依种菇成熟度有别，如果种菇是四五成熟的菇蕾，其组织块割取部位应在菌盖与菌柄交界处；如若是六七成熟已开伞的种菇，其组织块割取部分应在菌盖与菌柄交界偏菌盖处。

3. 接种培养　将切取的组织块再进行纵切成若干大小约10毫米×5毫米的小薄片；用接种针挑取小块组织，迅速移接到PDA斜面培养基上，加上棉塞；然后置于25℃下培养，待组织块上长出绒毛状菌丝即成。菇体应取的组织块部位见图3-6。

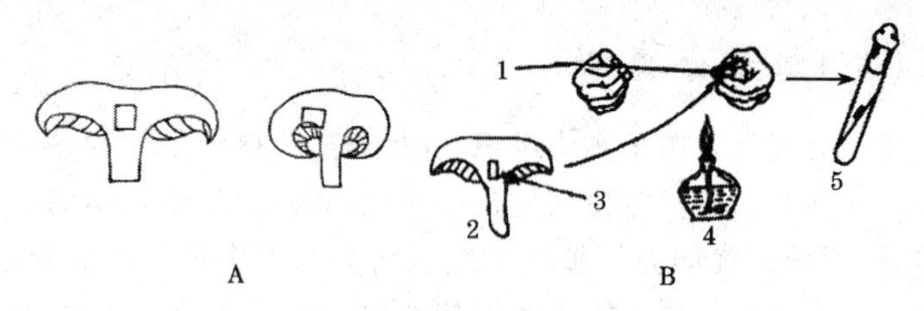

图3-6　组织分离法

A. 方格内为不同成熟度割取组织块　B. 组织分离操作示意

1. 接种针　2. 种菇　3. 取组织块　4. 过酒精灯消毒　5. 接入试管内

（三）基内菌丝分离法

基内分离即菇木分离，又称寄主分离法。这是利用菇体生育的基质，作为分离材料而获得纯菌丝的一种方法。其分离材料可从野生或人工栽培出菇的群体中，选择长有子实体的木材或菌袋作为分离材料。割去秀珍菇子实体，从培养基等部位分离出菌丝，接入试管内培育而成母种。

基内分离。操作时首先是菇木选择，在2年以内野生秀珍菇的木材上，寻找已长过子实体，而且木材中菌丝发育良好，用作提取分离的材料。其中天然生的菇木，由于经受风霜雨雪和严寒酷暑的考验，抗逆力很强，因此从中提取的菌丝生命力也较强。分离时，将选好的段木锯成小段，削去树皮及表层木质部；用70%酒精揩洗消毒后，锯成1厘米厚的薄片，用水冲洗后放入0.1%升汞水中洗2～3次；再将其浸在75%酒精内数秒钟，以排除附着在菇木小块上的空气；用无菌水洗去酒精，放入0.1升汞溶液中浸泡30～50秒，经无菌纱布擦干。把经消毒的菇木小薄片，劈成0.5～1厘米宽的小木条，接到PDA斜面培养基中央或培养皿中，移入25℃的温室中培养，使菌丝恢复生长。其他操作方法与组织分离法相似，所不同的是，菇木基内分离法需要接种培养7天，才能判断菌丝是否成活。在菌丝生长之后，通过提纯、转管培养成秀珍菇母种。

五、母种提纯培养与认定

（一）母种提纯技术

无论是孢子分离或是组织分离及基内分离，其所获得的分离物即菌丝。这些菌丝在分离过程，尤其是基内分离的，有可能混入杂菌，或夹有各类霉菌、细菌的概率较高。提纯的目的是使所获的分离物达到高纯度。操作时首先将分离培养出的菌丝，经过镜检鉴别、判断、认定；然后在接种箱内用接种针钩取菌丝前端部位，接入新的PDA培养基上，经适温培养菌丝发育，长势有力，即可获得纯度高的秀珍菇母种。

（二）培养管理

将接种后的试管置于恒温培养箱或培养室内培养。这是菌种萌发、菌丝生长的过程。培养期间室内要尽量避光，为使菌丝生长更加健壮，培养室或培养箱内的温度控制，最好较菌丝生长的最适温度低2℃～3℃。秀珍菇菌丝生长的最适温度为28℃，培养室或培养箱设置的温度应控制在25℃～26℃。除此之外，培养期间还要求环境干燥,空气相对湿度低于70%为宜。在高温高湿季节,要特别注意防止高温造成菌丝活力降低和高湿引起的污染。

(三)认真检查

培养期间每天都要进行检查,发现不良个体,及时剔除。试管母种的感官检查主要包括菌种是否有杂菌污染,有无黄、红、绿、黑等不同颜色的斑点表现。检查菌种外观,包括菌丝生长量(是否长满整个斜面),菌丝体特征,观察菌丝体的颜色、密集程度、生长是否舒展、旺健及其形态;观察菌丝体是否生长均匀、平展、有无角变现象;菌丝有无分泌物,如有其颜色和数量;菌落边缘生长是否整齐等方面;检查试管斜面背面,包括培养基是否干缩、颜色是否均匀、有无暗斑和明显色素;检测气味,是否具有秀珍菇应有的香味,有无异味。

(四)逐项认定

母种培养后应进行逐项检查认定,其感官标准见表3-1。

表3-1 秀珍菇菌种质量感官基本标准

项目	感官表现
纯度	优良菌种其菌丝纯度高,绝对不能有杂菌污染,无病虫害
色泽	菌丝颜色,除银耳混合种为黑色外,大多数菇类菌种的菌丝应是纯白,有光泽;分泌物因品种有别,一般有金黄色或红色,黄褐色的黏液
长势	菌丝吃料快、长势旺盛、粗壮,分枝多而密,气生菌丝清晰。有的品种爬壁力强,整体菌丝分布均匀,无间断、无斑块无老化表现
基质	培养体要湿润,母种与试管紧贴不干缩,原种和栽培种菌丝与瓶(袋)壁无脱离,含水量适宜
香味	必须具备秀珍菇本身特有的清香味,不允许有霉、氨、腐气味

经过检测认定的不合格或有怀疑病状的母种，应及时淘汰处理。

（五）出菇试验

分离获得菌种，必须通过出菇试验，可采用普通栽培法做出菇鉴定。鉴定内容包括农艺性状，即菌丝长速，种性特征，适应环境，出菇时间；经济性状，即菇体形态生物效率。

六、母种转管扩接技术

一般每支秀珍菇母种可扩接 20～25 支，但转管次数不应过多。因为菌种转管次数太多，菌种长期处于营养生理状态，生命繁衍受到抑制，势必导致菌丝生活力下降，营养生长期缩短，子实体变小、肉薄、朵小，影响产量和品质。因此，母种转管扩接，一般转管 3 次，最多不得超过 5 次。母种转管无菌操作方法见图 3-7。

七、原种生产技术规范

（一）适用培养基配方

秀珍菇原种适用的培养基有以下几种。

①阔叶树木屑 78%，麦麸或米糠 20%，蔗糖 1%，石膏粉 1%。这是一种最常用的木屑培养基。

②阔叶树木屑 93%，麦麸或米糠 5%，蔗糖 1%，尿素 0.4%，碳酸钙 0.4%，磷酸二氢钾 0.2%。

③阔叶树木屑 94%，麦麸 5%，尿素 0.4%，碳酸钙 0.3%，磷酸二氢钾 0.2%，硫酸镁 0.05%，高锰酸钾 0.05%。

④棉籽壳 78%，麦麸 20%，蔗糖 1%，石膏粉 1%。这是一种应用较广泛的培养基。

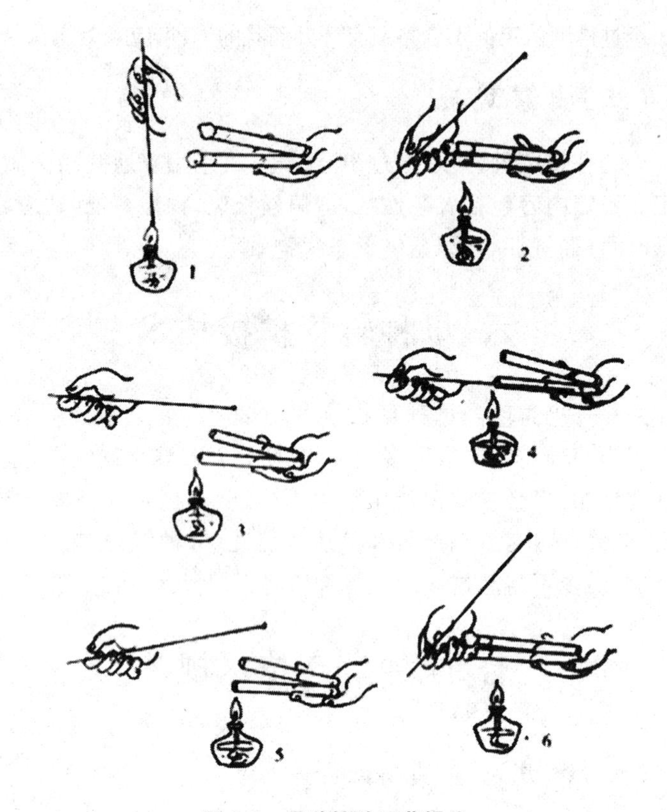

图 3-7　母种接种无菌操作

⑤棉籽壳 68%，木屑 10%，麦麸 18%，玉米粉 2%，石膏粉 1%，蔗糖 1%。

⑥玉米芯 78%，麦麸或米糠 20%，石膏粉 1%，蔗糖 1%。

⑦玉米芯 55%，阔叶树木屑 25%，麦麸或米糠 18%，石膏 1%，蔗糖 1%。

（二）配制技术规程

配制技术规程包括计量取料、过筛混合，加水搅拌 3 个步骤。

1. 计量取料　根据灭菌设施大小和装入量多少而定。现有一般常用的高压蒸汽灭菌锅，一次装瓶量为 450 瓶，按照每瓶装料量计算取料，使配制好的培养料一次装完，避免过剩引起基质酸变。

2. 过筛混合　按称取的原辅料，首先进行过筛，剔除混入的沙石、金属、木块等物质。然后把上述干料先搅拌均匀，再把蔗糖，硫酸镁、磷酸二氢钾等可溶性的添加剂溶于水中，加入干料中混合。

3. 加水搅拌　培养料配方中料与水比为 1∶1.1～1.2 不等，在加水时应掌握“四多四少”：培养料颗粒松或偏干，吸水性强的宜多加；颗粒硬和偏湿，吸水性差的应少加；晴天水分蒸发量大，应多加；阴天空气湿度大，水分不易蒸发应少加；拌料场是水泥地吸水性强，宜多加；木板地吸水性差，应少加。实际操作时，要区别原料质量和栽培季节及当日气候，要灵活掌握。菌种培养基含水量以 60％～65％为宜。

接种后菌种成品率不高。由于培养料配制时加水、加糖，再加上气温高，极易使其发酵变酸。因此，当干物质加入水分后，从搅拌至装袋开始，其时间以不超过 2 小时为宜。这就要求搅拌时分秒必争，当天拌料，及时装袋灭菌，避免基质酸变。

(三)培养基填装要求

1. 菌瓶选择　菌种瓶是原种生产用的专业容器，适合菌丝生长，也便于观察。规格 650～850 毫升，耐 126℃高温的无色或近无色玻璃菌种瓶，或采用耐 126℃高温的白色半透明符合 GB 9678 卫生规定的塑料菌种瓶。其特点是瓶口大小适宜，利于通气又不易污染。使用菌种瓶生产原种，可以使用漏斗装料提高生产效率，同时瓶口不会附着培养基，有利于减少污染。

2. 装料步骤　装料可按下列程序进行操作，见图 3-8。

3. 技术要求　无论是机装或手工装袋，要求做到“五达标”。

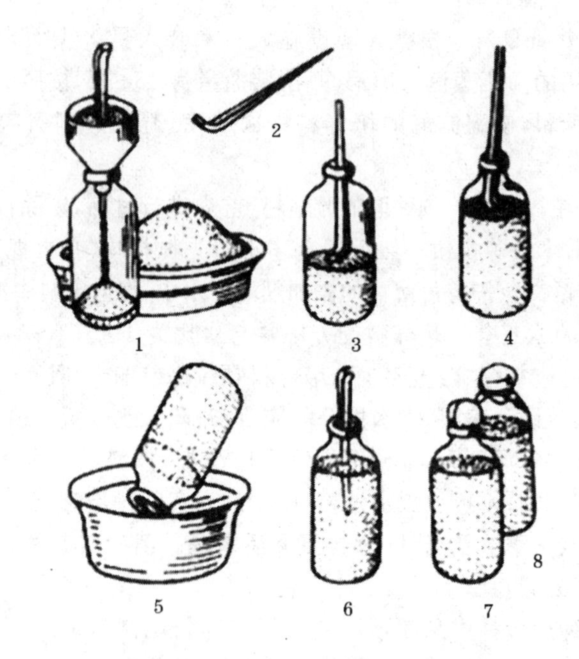

图 3-8　原种培养料装瓶程序

1. 装瓶　2. 捣木　3. 装料　4. 压平

5. 清洗瓶口、瓶壁　6. 打洞　7. 塞棉塞　8. 牛皮纸包扎

(1)松紧适中　装料后标准的松紧度适中，从外观看菌瓶四周瓶壁与料紧贴，无出现间断，裂痕；手提瓶口倒置后，培养料不倒出为度。

(2)不超时限　培养料装入瓶内，由于不透气，料温上升极快，为了防止培养基发酵，装料要抢时间，从开始到结束，时间不超过 3 小时。因此，应安排好机械和人手，并连续性操作。

(3)瓶口塞棉　装料后清理瓶内壁黏附培养基，然后用棉花塞好瓶口。棉塞松紧度以手抓瓶口棉塞上方，能把整个料瓶提升，而不掉瓶为标准。

(4)轻取轻放　装料和搬运过程不可硬拉乱摔，以免瓶壁破裂。

(5)日料日清　培养料装量要与灭菌设备的吞吐量相衔接,做到当日配料,当日装完,当日灭菌。避免配料过多,剩余培养料酸败变质。

(四)料袋灭菌技术要求

原种培养基装瓶后进入灭菌环节,要求比较严格,为确保成品率,必须强调采用高压灭菌锅进行灭菌并严格按照技术规范执行。

1. 装瓶入锅　装锅时将原种瓶倒放,瓶口朝向锅门,如瓶口朝上,最好上盖一层牛皮纸,以防棉塞被湿。

2. 灭菌计时　当锅内压力达到预定压力 0.14 兆帕或 0.2 兆帕时,将压力控制器的旋钮调整,使蒸汽进入灭菌阶段,从此开始计时。灭菌时间应根据培养基原料、种瓶数量进行相应调整。木屑培养基灭菌 0.12 兆帕,保持 1.5 小时或 0.14～0.15 兆帕,保持 1 小时。如果装瓶容量较大时,灭菌时间要适当延长。

3. 关闭热源　灭菌达到要求的时间后,关闭热源,使压力和温度自然下降。灭菌完毕后,不可人工强制排气降压,否则会使原种瓶由于压力突变而破裂。当压力降至 0 位后,打开排气阀,放净饱和蒸汽。放气时要先慢排,后快排,最后再微开锅盖,让余热把棉塞吸附的水汽蒸发。

4. 出锅冷却　灭菌达标后,先打开锅盖徐徐放出热气,待大气排尽时,打开锅盖,取出料瓶,排放于经消毒处理过的洁净的冷却室。为保证减少接种过程中杂菌的污染,冷却室事前进行清洁消毒。原种料瓶进入冷却室内冷却,待料温降至 28℃以下时转入接种车间。

(五)原种接种培养

原种是母种的延伸繁殖,是一级种的继续。原种的接种是采用母种作种源。每支母种扩接原种 4～5 瓶。母种接原种操作见

图 3-9。

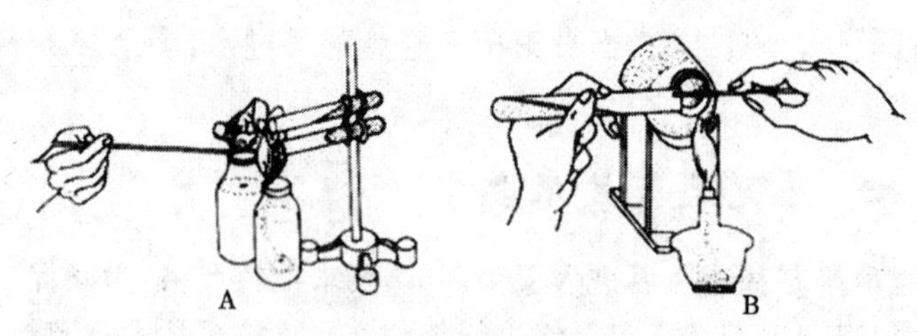

图 3-9 试管母种移接原种操作

A. 固定母种试管斜面 B. 固定原种瓶

原种培养室使用前 2 天进行卫生清理，并用气雾消毒剂气化消毒，提高培养环境洁净度。调控好原种生长环境条件，以满足菌丝生长的需要。具体管理技术如下。

1. 调控适温 菌种培养室的温度控制在 23℃～25℃。菌丝生长发育期间，其呼吸作用会使培养料的温度高于环境温度2℃～3℃，因此要注意观察，及时调控适温。尤其夏季气温较高，培养室应配备空调机，保持恒定适温，避免高温危害。

2. 环境干燥 菌种培养室要求干燥洁净环境，室内空气相对湿度控制在 70%以下，高温多雨季节注意除湿。

3. 避光就暗 菌丝生长不需要光线，培养室要尽量避光。特别是培养后期，上部菌丝比较成熟，见光后不仅会引起菌种瓶内水分蒸发，而且容易形成原基。因此，门窗应挂遮阳网。

4. 通风换气 菌丝生长需要充足的氧气，因此培养室要定期通风换气，以增加氧气，有利菌种正常发育生长。

5. 定期检查 原种在培养期间要定期进行检查，一般接种后 4～5 天，进行第一次检查；表面菌丝长满之前，进行第二次检查；菌丝长至瓶肩下伸至瓶中 1/2 深度时，进行第三次检查。

八、栽培种生产技术规范

(一)培养基配制要求

具体掌握以下 3 方面。

1. 取料与设备衔接　栽培种日产量多少,应以灭菌设备对应。具体计算方法:现有菌种厂的高压灭菌锅多采用装载 750 毫升 450 瓶量。1 次可装 12 厘米×24 厘米料袋 1 100 袋,或装 15 厘米×30 厘米料袋 550 袋,其用料量为 200 千克。如果设置 4 个高压灭菌锅,每日生产 3 批,计 12 锅,其每日投料量为 2 160 千克。以这个总数按配方比例,称取主料和辅料及添加剂石膏或碳酸钙等。

2. 拌料与装料相连　栽培种用料量大,为了防止培养基发酵变酸,规范化菌种厂应采用拌料机拌料,缩短时间,而且均匀度好。自走式搅拌机每小时可拌 1 000 千克。装料采用装袋机装料,每台机每小时可装 1 500～2 000 袋,配备 7 人为一组。其中填料 1 人,套袋装料 1 人,捆扎袋口 4 人。

3. 装袋操作方法　先将薄膜袋口一端张开,整袋套进装袋机出料口的套筒上,双手紧扎。当料从套筒源源输入袋内时,右手撑住袋头往内紧压,使内外互相挤压,这样料入袋内就更坚实,此时左手握住料袋顺其自然后退。当填料接近袋口 6 厘米处时,料袋即可取出竖立,并传给下一道捆扎袋口工序。袋口采用棉纱线或塑料带捆扎。操作时,按装料量要求,增减袋内培养料,使之足量。继之左手抓料袋,右手提袋口薄膜左右对转,使袋料紧贴,不留空隙。然后把套环套在袋口的塑料薄膜上,将剩余的薄膜反塞在套环四周,使袋口形成瓶颈状。

使用装袋机时,先检查各个部位的螺栓,连接是否牢固,传动带是否灵活。然后按开关接通电源，装入培养料进行试机，绞龙转速为650转/分。装袋过程若发现料斗物料架空时，应及时拨动料斗，但不得用手直接伸入料斗内拨动物料，以免轧伤手指。

手工装料方法：把薄膜袋口张开，用手一把一把将料塞进袋内。当装料量占1/3时，把袋料提起在地面小心振动几下让料落实；再用大小相应的木棒往袋内料中压实；继之再装料、再振动、再压实。装至满袋时用手在袋面旋转下压，使袋料紧实无空隙，然后再填充足量，袋头留薄膜6厘米，袋口套环、塞棉。方法同机装。菌袋装料见图3-10。

(二)灭菌注意事项

栽培种生产量大，培养基灭菌采用高压蒸汽灭菌锅或高压灭菌仓，高压灭菌柜等设备进行灭菌。栽培种也可以采用常压高温灭菌灶进行灭菌。关键在于能把潜藏在培养料内的病原微生物彻底杀死，以保证安全性，提高接种后菌种成品率。

栽培种无论是瓶装或袋装的，采用高压杀菌锅时，要求进锅后，灭菌压力要求达0.152兆帕，其蒸汽温度为128.1℃，保持1～1.5小时，才能达到灭菌目的。装容量较大时，灭菌时间要适当延长。若采用常压高温灭菌应达到100℃后，保持18～20小时为宜。

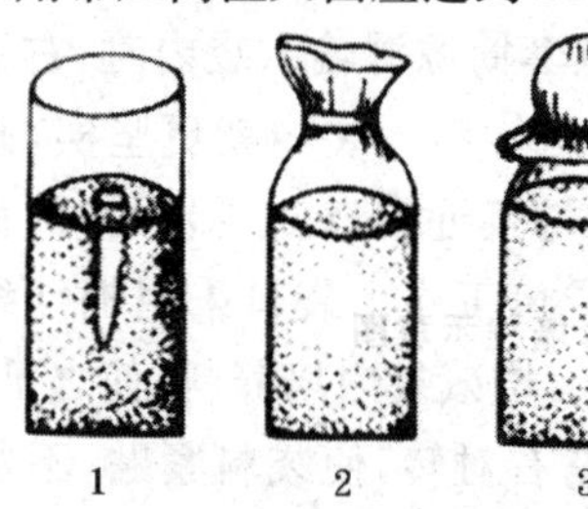

图3-10　塑料菌种袋装料法

1. 装袋打洞　2. 袋口套环　3. 包扎袋口

(三)接种关键要点

栽培种主要用于秀珍菇生产的菌种。每瓶原种一般扩接成栽培种50～60瓶，麦粒原种可扩接成栽培种80～100瓶。

1. 菌龄适期　秀珍菇秋栽是8月中旬生产栽培

菌袋，其栽培种应于7月上旬着手制作，经培育40～45天菌龄适期，有利栽培生产。如果栽培种过早进行制作，菌龄太长，菌种老化，影响成活率。若太迟制种，生产季节已到，而栽培种菌丝尚未走满瓶袋，表示太幼，影响生产接种量。因此，栽培种制种无论是专业性菌种厂或是菇农自行制种。要根据当地栽培品种的数量和接种时间，按菌种所需培养的菌龄，分品种确定生产最佳时期，确保菌种适龄供应生产者。

2. 菌种预处理　因原种培养时间较长，棉塞下常潜伏霉菌，且表层菌丝培养时间长，有可能潜伏绿色木霉孢子，因此接种时应进行菌种表面预处理。操作时应在无菌条件下拔掉棉塞，挖掉表层菌丝，然后用牛皮纸包扎好瓶口。

3. 无菌操作接种　每瓶原种扩接栽培种35～45瓶(袋)。接种无菌操作见图3-11。

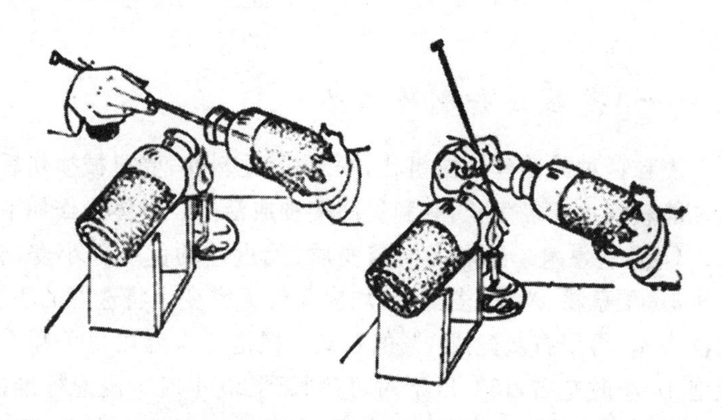

图3-11　原种接栽培种示意图

1. 原种接入栽培种培养基内　2. 接入后瓶口棉塞封好

(四)栽培种培养管理

栽培种培养室消毒是否彻底，直接关系到菌种的成品率。为此，培养室应事先进行清洗，通风2～3天后，进行消毒处理。栽培种接种后进入菌丝营养生长，不断从培养基内吸收养分、水分，输送给菌丝的生长建造菌丝体，构成生理成熟的菌丝体，即栽培种的育成。因此，这1瓶菌种的好坏，直接影响菇农栽培20～25袋秀珍菇的产量与经济效益。

栽培种培养管理技术与原种基本相似，但不同点是栽培种生产量大于原种几十倍。培养场所，设施及管理成品相应增加；管理时效性较短，超过有效菌龄菌种活力差，影响栽培菌袋的成品率，会给菇农生产带来损失，因此在管理上不可掉以轻心。秀珍菇栽培种培养时间，在23℃～25℃恒定温度范围内，木屑培养基一般需35～40天，菌丝走满袋后2～3天为适龄菌种。

九、颗粒签条菌种生产技术

（一）麦粒菌种制作方法

麦粒菌种的菌丝洁白粗壮，发菌猛，吃料快，受机械损伤后，菌丝也能较快地恢复生长，有利提高接种成活率。具体操作如下。

1. 选料浸泡　选取无发霉变质、无虫蛀的优质陈小麦；辅料杂木屑、稻草粉、米糠、麦麸等，均应新鲜无霉变。将选好的小麦先淘洗去瘪，再用石灰配成1%的石灰水浸泡。水温在20℃以上时，浸泡14小时左右，15℃以下时可延长到20小时。浸泡标准以达到麦粒微露白、而未破裂出芽为度；麦粒表皮呈现米黄色，石灰水浸泡的颜色稍浅。

2. 麦粒煮熟　浸水后的麦粒，经清水冲洗后立即入锅加清水煮，煮沸后保持12分钟左右，麦粒熟而不烂，无破粒。煮好捞出摊晾在水泥地或铺有窗纱的芦苇帘上，沥干至无水滴时，即可堆积起来，拌入填充辅料等。

3. 培养料配制

配方一：小麦 85%、木屑 10%、麦麸 3%、石膏粉 1.5%、食盐 0.5%；

配方二：小麦 88%、棉壳粉 10%、石膏 1.5%、石灰 0.5%；

配方三：小麦 85%、砻糠 10%、麦麸 3%、石膏粉 1.5%、石灰 0.5%；

配方四：燕麦 98%、碳酸钙 2%。

麦粒的干湿度，应控制在含水量 46%～52%为宜。过湿，瓶底麦粒易引起吸湿胀破麦皮，而析出淀粉，造成灭菌时瓶底部糊化，致使菌丝难以蔓延，且易引起细菌污染；过干，菌丝生长缓慢，稀疏无力，在实际生产中以稍干为佳。

4. 装料灭菌　采用 750 毫升菌种瓶装料，外用两层牛皮纸或三层报纸，再加一层编织袋片包好。也可用 17 厘米×33 厘米聚丙烯袋、套环塞棉。采用高压灭菌锅，瓶料 0.152 兆帕的压力，保持 100～120 分钟为宜。出锅后应及时覆盖干净麻袋等物，使其冷却，以防瓶（袋）内的湿热气因急速下降，形成大量冷凝水，造成局部麦粒吸湿膨裂。

5. 接种培养　待培养瓶（袋）内的温度降至 28℃以下时，按无菌操作要求进行接种。每支试管母种可扩接 5～6 瓶原种；每瓶 750 毫升装麦粒原种，可扩接 80～100 袋栽培种。接种后的瓶（袋）保持 25℃～27℃恒温培养 1 天后，在 25℃恒温下培养至发满瓶（袋）。原种 15～18 天，栽培种 18～25 天即可以长满瓶（袋），继续巩固 3～5 天方可使用。

麦粒菌种生长旺盛，容易发生老化现象，影响菌种的质量和使用。为解决这问题在制作麦粒菌种时，一定要根据栽培需种量安排生产，保持适宜菌龄。当菌丝长满后，注意在低温、干燥、遮光条件下保藏。

(二)签条菌种制作方法

采用竹签或木条为原料制作秀珍菇栽培种,称为签条菌种。在接种时可以不打接种穴,只要把发菌培养好的签条直接斜插入栽培袋内即可,既简化工序,又节省胶布贴封接种口,而且也降低杂菌污染率。

1. 竹签菌种 以毛竹作原料,按 10 厘米长锯断,再劈成 0.6 厘米×0.6 厘米的竹条,一端削尖,晒干。然后放入 1%～2% 的蔗糖水溶液中浸 12 小时,吸足营养液。若气温高,可采用 1% 糖水溶液与竹签一起置于锅内煮至透心;捞起后按 5 份竹签和 1 份配制好的木屑培养基,搅拌均匀,装入聚丙烯塑料菌种袋或菌种瓶内。装入时,把尖头向下,松紧适中,以装满为度。14 厘米×28 厘米的菌袋,每袋可装 160 支;750 毫升菌种瓶,每瓶可装 120～140 支。表面再加一层 2 厘米厚的木屑培养基,棉花塞口。然后通过高压蒸汽锅灭菌,以 0.152 兆帕保持 2.5 小时,达标后冷却,再接入原种。接种时菌种捣碎,撒于培养基上,或整块菌种放在培养基上也可。在 25℃条件下培育 30 天左右,竹签就长满了菌丝,即为竹签菌种。

2. 枝条菌种 枝条可选用梧桐、板栗、麻栎、果树等枝桠,也可采用红、黄麻秆等。将枝条截成 3 厘米长,一端削成斜面,另一端为平面,置于含 2%蔗糖、2%石膏粉、0.3%尿素和 0.1%磷酸二氢钾溶液中,浸泡 4～6 小时。麦麸或米糠取其滤出的浸液,调至含水量 60%。然后将枝条装入罐头瓶或塑料菌袋内,边装枝条,边用湿麦麸填充间隙。装满后表面再盖一薄层麦麸,用薄膜封扎瓶口;袋口上好套环,瓶袋口棉花塞口。按竹签菌种灭菌,接种培养,菌丝长满后即成。枝条菌种见图 3-12。

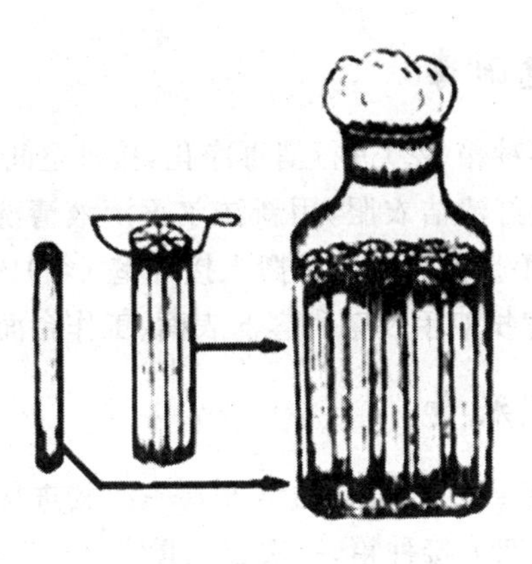

图 3-12　枝条菌种制作

十、无菌接种操作技术规范

要确保菌种成品率，接种要求十分严格，防止“病从口入”，为此接种这个环节，严格要求按照下列无菌操作技术规程进行。

（一）时间选择

选择晴天午夜或清晨接种，此时气温低，杂菌处于休眠状态，有利于提高接种的成品率。雨天空气相对湿度大，容易感染真菌，不宜进行接种。

（二）把握料温

栽培种培养基经过灭菌出锅后，通过冷却，一定要待培养基内料温降至 28℃以下时，方可转入接种菌种工序，以防料温过高，烫伤菌种。

(三)环境消毒

接种前对接种箱(室)进行消毒净化,接种空间保持无菌状态。工作人员必须换好清洁衣服,用新洁尔灭溶液清洗菌种容器表面及棉塞,同时洗手。然后将菌种搬入接种室(箱)内,取少许药棉,蘸上75%酒精擦拭双手及菌种容器表面、工作台面、接种工具。

(四)掌握瓶量

用接种箱接种时,栽培种的培养基一次搬进接种箱内的数量不宜太多。一般双人接种箱,一次装入量宜80～100瓶,带入原种2～3瓶;单人接种箱减半。如果装量过多,接种时间拖延,箱内温度、湿度会变化,不利于接种成品率。

(五)基质净化

将待接种的培养基同时放入接种箱内或灭菌室内的架子上,用药物熏蒸,或采用紫外线灯灭菌20～30分钟,注意用报纸覆盖菌种,以防伤害菌丝。

(六)控制焰区

点燃酒精灯开始接种操作时,酒精灯火焰周围8～10厘米,半径范围内的空间为无菌区,接种操作必须靠近火焰区。菌种所暴露或通过的空间,必须是无菌区。菌种与容器外的空间通道口(瓶口、袋口),必须通过酒精灯火焰封闭。

(七)迅速敏捷

接种提取菌种时,必须敏捷迅速,缩短菌种块在空间的暴露时间。另一方面接种器具为金属制品,久用易灼热,菌种通过酒精灯火焰区时,如果动作缓慢,则容易烫伤。

（八）接种后通风

每一批接种完后，必须打开接种箱或接种室，取出菌瓶或菌袋；让接种箱、室通风换气30～40分钟，然后重新进行消毒，继续进行接种。

（九）清理残留物

在接种过程中，菌种瓶的覆盖废物，尤其是工作台及室内场地上的菌种表层清出物，每批接种结束后，结合通风换气，进行1次清除，以保持场地清洁。

（十）强调岗位责任

由于栽培种数量多，接种工作量相当大。接种人员需进行岗前培训，持证上岗。严格按照无菌操作规程进行接种；要安排好人手，落实岗位责任制；加强管理，认真检查，及时纠正，确保接种全过程按照技术规范的要求进行操作。

十一、秀珍菇菌种质量标准

（一）母种质量标准

秀珍菇母种质量标准可执行GB 19/72—2003《平菇菌种》标准（表3-2，表3-3）。

表 3-2　秀珍菇母种感官要求

项　目		要　求
容　器		洁净、完整、无损
棉塞或无棉塑料盖		干燥、洁净，松紧适度，能满足透气和滤菌要求
斜面长度		顶端距棉塞 40～50 毫米
接种量(接种块大小)		3～5 毫米×3～5 毫米
菌种外观	菌丝生长量	长满斜面
	菌丝体特征	洁白、健壮、绵毛状
	菌丝体表面	均匀、舒展、平整、无角变、色泽一致
	菌丝分泌物	无
	菌落边缘	整齐
	杂菌菌落	无
	虫(螨)体	无
斜面背面外观		培养基不干缩，颜色均匀、无暗斑、无明显色素
气　味		具秀珍菇特有的清香味，无酸、臭、霉等异味

表 3-3　秀珍菇母种微生物学要求

项　目	要　求
菌丝生长形态	粗壮，丰满，均匀
锁状联合	有
杂菌	无

(二)原种和栽培种质

秀珍菇原种标准可执行 GB 19/72—2003《平菇菌种》标准，见表 3-4。

表 3-4 秀珍菇原种感官要求

项目		要求
容 器		洁净、完整、无损
棉塞或无棉塑料盖		干燥、洁净，松紧适度，能满足透气和滤菌要求
培养基上表面距瓶(袋)口的距离		50 毫米±5 毫米
接种量(接种块大小)		4～6 瓶(袋)，≥12 毫米×12 毫米
菌种外观	菌丝生长量	长满容器
	菌丝体特征	洁白浓密、生长旺健
	培养基表面菌丝体	生长均匀、无角变、无高温抑制线
	培养基及菌丝体	紧贴瓶(袋)壁，无明显干缩
	培养物表面分泌物	无或允许有少量无色或浅黄色黄水珠
	杂菌菌落	无
	拮抗现象	无
	子实体原基	无
气 味		具有秀珍菇菌种特有的香味，无酸、臭、霉等异味

菌种质量检验是一个综合性的全面认定，比较复杂，这里介绍简易质检法，可供生产实践中应用，见表 3-5。

表 3-5 菌种简易质检方法对照表

质检方法	检查内容
感官检查	生产实践中总结了感官识别“五字”法：“纯、正、壮、润、香”能快速有效地鉴定出菌种质量的优劣。“纯”指菌种的纯度高，无杂菌感染，无斑块、无抑制线、无“退菌”、“断菌”现象等；“正”指菌丝无异常，具有亲本正宗的特征。诸如，菌丝纯白、有光泽，生长整齐，连结成块，具弹性等；“壮”指菌丝发育粗壮、生长势旺盛、分枝多而密，在培养基 恢复、定植、蔓延速度快；“润”指菌种含水量适中，基质湿润，与瓶壁紧贴，瓶颈有水珠，无干缩、松散现象；“香”指具本品种特有的香味，无霉变、腥臭、酸败气味

续表 3-5

质检方法	检查内容
显微镜检查	挑取少量菌丝，置载玻片中央的水滴上，用接种针拨散，盖上玻片成为菌丝装片，也可加碘染色后进行镜检。正常的菌丝具有透明、分枝状，有横隔和明显的锁状联合。双核菌丝中，锁状联合多而密，则出菇力强，一般可认为是好菌种。异种结合的菇菌，凡仅有单核菌丝，经扩繁培养均不会出菇，不宜作为菌种
菌丝长速测定	在适宜的条件下，若菌丝生长迅速、粗壮有力、浓密整齐，一般为优质菌种；而菌丝生长缓慢、中断或长速极快、稀疏无力、参差不齐和易枯黄萎缩，则为劣质菌种。测定菌丝生长速度方法：用长 40 厘米、直径 13 毫米的玻管，在管两端距 5 厘米处向上烧弯成 45°角，倒入 PDA 培养基约 15 毫升，两端加棉塞，灭菌后将管平卧凝固，在管的一端接入菌种。经过 12～24 小时适温培养后，可在菌丝生长的最先端用笔划线，标志每天的生长速度。也可以在原种、栽培种瓶（袋）壁上划线测定
菌丝生长量测定	将菌种的菌苔接入无菌的液体培养基内，在相同的条件下，进行摇床振动培养。经过一定时间后，过滤收集菌丝，反复冲洗干净，分别置于容器内，在 80℃～100℃烘箱中烘干至恒重。或在 60℃条件下真空干燥，然后称重。凡菌丝增殖快、重量高的为优质菌株；反之，为劣质菌株
耐高温测试	如中低温型的菌种，可将母种置最适温度下培养，1 周后取出换至 30℃条件下培养，24 小时后再放回最适温度下培养。经过如此偏高温度处理后，若菌丝仍健壮旺盛生长，则表明该菌株具有耐高温的优良性状；如果菌丝生长缓慢，出现发黄倒伏，萎缩无力，则为不良菌株
菌丝纯度测定	用锥形瓶装入浅层液体培养基，灭菌后接入搅散的菌种，在 25℃条件下培养，1 周后观察。若有气泡和菌膜发生，并具酸败味，说明菌种不纯，混有杂菌；如果无上述现象则菌种纯净无杂。再观察浮在液面的菌种，如果菌丝向旁边迅速生长、健壮有力、边缘整齐，且不断增厚，说明该菌株生长势强；若表面生长慢、稀疏、菌丝层薄，说明该菌株生长势弱，不宜用于生产

续表 3-5

质检方法	检查内容
出菇试验	出菇是菌种综合指标的最后反映，良种必备高产优质。试验方法：一般用瓶栽法，装半瓶培养基，接入母种后，放在最佳温、湿度条件下培养。当菌丝长至瓶底后，再移到最佳的温、湿、光、气条件下让其出菇。然后进行产量、品质对比。通过综合评比，选出菌丝生长速度快、子实体生长健壮、品质好、产量高的母种，即可应用于商业性规模栽培

十二、菌种保藏与复壮

（一）液状石蜡保藏法

液状石蜡又名矿油，所以该法又称矿油保藏法。这种方法操作简便，只要在菌苔上灌注一层无菌的液状石蜡，即可使菌种与外界空气隔绝，达到防止培养基水分散失，抑制菌丝新陈代谢，推迟菌种老化，延长菌种生命和保存时间的目的。所以，此种方法也称为隔绝空气保藏法。

具体操作：选用化学纯液状石蜡 100 毫升，装入 250 毫升锥形瓶内，瓶口加棉塞，置于 0.103 兆帕压力灭菌 30～60 分钟；然后置于 160℃烘箱中处理 1～2 小时；或置 40℃温箱内 3 天左右，见瓶内液状石蜡呈澄清透明，液层中无白色雾状物时即可，其目的是使灭菌时进入瓶内的水分得到蒸发。然后在无菌条件下，将液状石蜡倾注或用无菌吸管移入生长健壮、丰满的斜面菌种上，使液状石蜡高出斜面顶端 1 厘米左右；最后直立放置在洁净的室温下贮藏，转管时直接用刀切取 1 小块菌种，移接到新的斜面培养基中央，适温培养，余下的菌种仍在原液状石蜡中贮藏。

注意事项：因经贮藏后的菌丝沾有石蜡，生长慢而弱，需再继

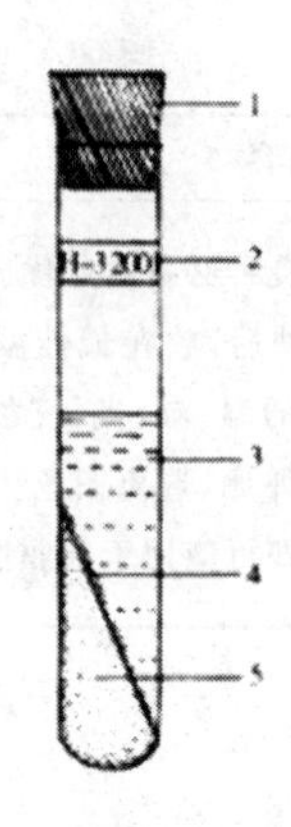

图 3-13　液状石蜡保藏

1. 橡皮塞　2. 标签　3. 液状石蜡
4. 菌苔　5. 琼脂培养基

代转接 1 次方可使用;贮藏场所应干燥,防止棉塞受潮发霉;定期观察,凡斜面暴露出液面,应及时补加液状石蜡,也可用无菌橡皮塞代替棉塞,或将棉塞外露部分用刀片切除,蘸取融化的固体石蜡封口,以减慢蒸发。此法贮藏时间可达 1 年以上,有的可达 10 年,效果好。使用此法保种时需直立放置。液状石蜡保藏见图 3-13。

保种注意以下 4 个方面。

1. 调整养料　保藏的母种应选择适宜的培养基,其配方一般要求含有机氮多,含糖量不超过 2%,这样既能满足菌丝生长的需要,又能防止酸性增大。

2. 控制温度　必须根据品种的特性,选择适宜的保藏温度。存放菌种的场所必须通风干燥,并要求遮阴,避免强光直射。存放于电冰箱中保藏的菌种,温度宜在 4℃,若过低斜面培养基会结冰,导致菌种衰老或死亡;过高则达不到保藏之目的。

3. 封闭管口　菌种的试管口用塑料薄膜包扎,或用石蜡封闭,防止培养基干涸和棉塞受潮而引起杂菌污染。

4. 用前活化　保藏的菌种因处于休眠状况,在使用前需先将菌种置于适温下让其活化,然后转管,更新选育。

(二)菌种复壮使用

菌种长期保藏会导致生活力降低。因此,要经常进行复壮,目的在于确保菌种优良性状和纯度，防止退化，复壮方法有 4 种。

1. 分离提纯　也就是重新选育菌种。在原有优良菌株中，通过栽培出菇，然后对不同系的菌株进行对照，挑选性状稳定、没有变异、比其他品种强的，再次分离，使之继代。

2. 活化移植　菌种在保藏期间，通常每隔 3～4 个月要重新移植 1 次，并放在适宜的温度下培养 1 周左右，待菌丝基本布满斜面后，再用低温保藏。但应在培养基中添加磷酸二氢钾等盐类，起缓冲作用，使培养基酸碱度变化不大。

3. 更换养分　各种菌类对培养基的营养成分往往有喜新厌旧的现象，连续使用同一树种木屑培养基，会引起菌种退化。因此，注意变换不同树种和配方比例的培养基，可增强新的生活力，促进良种复壮。

4. 创造环境　一个品质优良的菌种，如传代次数过多，或受外界环境的影响，也常造成衰退。因此，在保藏过程中应创造适宜的温度条件，并注意通风换气，保持保藏室内干爽，使其在良好的生态环境下稳定性状。

第四章　秀珍菇设施栽培高产关键技术

一、掌握设施内小气候特征与对应措施

农业生产含果蔬，常用的设施是秀珍菇设施化栽培的好场地。而专业建造菇房、菇棚设施与农业设施大棚，日光温室均相似。这些设施用于栽培秀珍菇，关键技术是全面掌握设施内的小气候特征，并根据秀珍菇生产发育所需的环境条件，通过人为处理，控制相接近的生态，促使设施化栽培的实用性，达到高产高效目的。

（一）气温特征与调控设施

人们常把一年划分为春、夏、秋、冬四季，但南北地区四季早晚长短有所差异。这里根据杨瑞长、陈国良对上海地区蔬菜大棚内气温的研究，做如下介绍。

1. 春季（3～5 月份）　大棚内旬气温为 7.8℃～15.02℃，旬平均最高气温为 27.15℃，平均最低气温为 5.7℃。气温的走向是逐渐升高，中温型的秀珍菇，其菌袋接种后，发菌培养前期，所需的温度偏低，需要增设加温设备，中后期棚内能达 20℃以上，菌丝生长会正常。而在这个季节棚内的温度对秀珍菇子实体生长发育十分有利。

2. 夏季（6～8 月份）　大棚内旬气温为 23.1℃～27.92℃，旬平均最高气温为 32.6℃，旬平均最低气温为 19.33℃，这个季节常有暴风雨和台风雨引起的降温和热带风暴袭击，出现极端高温。这个季节秀珍菇无论是发菌培养或是长菇阶段均不利。因此，必

须采用制冷设备，可安装吊顶式电化霜冷风机或半封闭压缩水冷机组，以达到降低棚内温度。秀珍菇菌袋接种后发菌培养需50～60天，所需温度以不超过27℃为宜。因此，在炎夏期间，棚内通过降温设施就能保证菌丝体安全度夏。

3. 秋季(9～11月份)　大棚内旬气温为25.43℃，旬平均最高气温为29.17℃，旬平均最低气温为6.6℃，其气温走向逐渐下降。此季节是秀珍菇生长发育最好季节，特别是有利变温结实，不仅质量好，且产量也高。但必须注意9～10月份，时有出现30℃以上的高温。因此，要掌握气象预报，一旦超过25℃以上时，就需要采取移动制冷机推进棚内降温，棚外增设微喷设施，通过水冷也可降低棚内温度。

4. 冬季(12月份至翌年2月份)　这是一年最冷的季节，棚内旬气温为4.9℃～10.17℃，旬平均最高气温为18.85℃，旬平均最低气温为2.75℃，即使棚外有时出现0℃～5.3℃的低温天气，棚内仍保持0℃～5℃的气温。这季节要拉开棚顶遮阳物，棚内能保持秀珍菇子实体生长下限温度12℃条件均能长菇。一般通过引光增温棚内能达12℃条件时，长菇品质较好。

(二)空气湿度特征与调控设施

设施内的小气候还有空气相对湿度，这对秀珍菇菌丝生长和子实体发育都有直接影响。设施内的空气相对湿度都比较高，保持在96%以上，有时甚至达饱和状态，雾气弥漫。春季旬空气相对湿度在93.47%～97.11%，旬平均最高空气相对湿度大于96%，旬平均最低空气相对湿度在73.5%。夏季旬空气相对湿度为92.47%～96.98%，旬最高空气相对湿度大于97%，旬平均最低空气相对湿度在87%。秋季旬空气相对湿度为92.5%～97.24%，最高空气相对湿度为97.65%，旬平均最低空气相对湿度为75.6%。几乎棚内湿度均偏高。秀珍菇菌丝体生长完全靠袋内培养基水分供给，其培养环境要求干燥，空气相对湿度70%以下为宜，这与棚内高湿度形成矛盾。

解决棚内高湿度问题，主要靠通风排气。棚内门与所有窗口安装排气扇，在温度不低于秀珍菇菌丝生长下限温度20℃前提下，全天候开门窗并加大风机排量，以达到空气湿度不超80%。也可以在棚内地面撒石灰粉吸湿。人为创造干燥环境养菌。秀珍菇进入原基分化和子实体生长发育阶段，空气相对湿度要求85%～95%，此期棚内空气湿度就十分适宜长菇，不需人为调控。

（三）光照强度特征与调控设施

据杨瑞长、陈国良观测，大棚内光照强度与日时、大棚的方位、床架层次有密切关系。随着日出时间后移，棚内光照强度逐渐增强，并与棚外光照强度的变化相关。如东西延长的大棚，从日出至下午3时，其光照强度达到最大值；南北延长的大棚，其光照强度从日出至下午1时达最高值。不管其方位如何，每日13时以后至日落时，光照强度递减。棚内上下层的光照强度为上层比下层强，南北延长大棚的光强度为东侧比西侧强（上午），反之，则是西侧比东侧的光照强度值高，棚内中部的光照值比两侧高。

掌握设施内的光照强度特征后，在秀珍菇生产中就要针对性地采取设施。如果是采用"一区制"即菌袋培养和长菇同在一棚内进行的方式。在接种后菌袋培养期50～60天内，不需光照，只要在棚顶用黑色薄膜外衬草苫或芦帘、遮阳网；四周增加遮阴设施，南北侧用两层芦帘遮阳。进入菌袋开口诱基和子实体生长阶段，需要散射光，一般500～1 000勒，此时应去除黑色遮阳物，棚顶芦帘"盖三开一"让光照入棚，促使子实体正常生长。

（四）气体与气流特征与调控设施

大棚常保持密闭状态，由于菌丝体、子实体、培养料和管理人员的呼吸，而释放出大量乙烯和二氧化碳等有害气体。当这些有害气体达到一定浓度时，就会影响秀珍菇的生长发育，出现菇体畸形，甚至减产。据有关科研人员测试，秀珍菇进入子实体生长旺盛期，就会产生 192 克二氧化碳气体；其产生量还与温度有关，16℃左右每小时平均产生 0.06～0.08 克二氧化碳气体，在常态下每小时平均产生 5～7 克二氧化碳气体。温度每升高 1℃，二氧化碳气体产生量增加大约 20%。这就说明了长菇期间，每天要注意通风换气，保持棚内空气新鲜。

排除棚内有害气体，主要是在建棚时，合理安排通风口和排气孔。一般采取棚内安装悬吊式排气管，安装排气扇和安装时控开关，使有害气体定时排出，如图 4-1，图 4-2。

图 4-1　排 气 口

图 4-2　悬吊式排气管

二、设施栽培生产季节安排

秀珍菇生产季节的安排，主要掌握好以下 4 点。

（一）把好“两条杠杆”

秀珍菇属于中温型的菌类。菌丝生长最适温度为 23℃～

25℃，出菇中心温度为20℃左右。一般菌株子实体分化发育要求15℃～20℃，中温偏高型菌株15℃～23℃。根据其生物特性的要求，栽培季节一般安排春、秋两季栽培为适。具体把好“两条杠杆”：一是接种后50～60天为发菌期，当地自然气温不超过30℃；二是接种日起，往后推50～60天进入出菇期，当地气温不低于13℃、不超过28℃。

（二）选准最佳接种期

最佳接种期确定是否准确，对秀珍菇菌丝生长和出菇时间关系极大。因为菌袋处于最佳时期接种，有利于菌丝在自然气候条件下正常生长发育，并顺利由营养生长转入生殖生长，养分消耗少，成本低，出菇快、产量高、菇质好，效益高。反之，错过季节，虽然也会长菇，但时间长、产量和效益都要受影响。所以，确定最佳接种期，是秀珍菇栽培中的一个重要技术环节。

最佳接种期是指当地哪一个月份的温度，适合秀珍菇子实体分化发育20℃左右的时间为起点，然后倒计时50～55天，即为最佳的菌袋接种期。例如，当地秋季月平均气温28℃左右为10月上旬，倒计时50天计算，也就是8月初为最佳接种期。此时“立秋”过后，气温一般在30℃以下，接种后经过50天菌袋培养，到10月上旬“寒露”季节进入长菇期，此时自然气温15℃以上，正适合子实体分化发育。由秋冬直至翌年春季长菇，盛夏控温培养后，到了秋季照常长菇，生产周期1年左右，收获菇量多，因此大面积栽培，秋季接种较为理想。

（三）回避两个不利温区

栽培季节安排时，要回避不利秀珍菇菌丝体生长和子实体分化发育的两个不利温区。即夏季7～8月高温期和冬季12月至翌年1月低温期，无论是春栽还是秋栽都要掌握。例如，春栽2～3

月接种菌袋,发菌培养 50 天后,到 5～6 月份进入长菇期,自然气温 15℃以上,28℃以下适合长菇。但长菇时间仅 2 个月,就进入 7～8 月份高温期需降温调节,9 月份气温下降到适温继续出菇。如果提前于冬末早春接种,气温太低,菌丝生长缓慢,生理成熟延长,也是不利一面则需加温培养。因此,自然气候春栽的地区,南方各省应在海拔 600 米以上和北方省(自治区),夏季气温不超过 30℃的地区较适合。

(四)区别海拔划分产季

我国大部分地区属于温带和亚热带,气候温暖,雨量充沛,在自然条件下,南方沿海地区采取设施可进行秀珍菇周年生产。但各地所处纬度不同,海拔高度不一,自然气候差异甚大,根据各地实践经验,产季安排如下:长江以南诸省,春季宜 2 月下旬至 4 月上旬接种菌袋,4 月中旬至 6 月中旬长菇;秋季宜 8 月下旬至 9 月底接种菌袋,10 月上旬始菇至翌年春季长菇。华北地区,以河南省中部气温为准,春季宜 3 月中旬至 4 月底接种菌袋,5 月初至 6 月中旬长菇;秋季宜 7 月上旬至 8 月中旬接种菌袋,8 月下旬至 10 月中旬长菇。大棚内控温不低于 15℃,冬季照常长菇。西南地区,以四川省中部气候为准。春季宜 3 月下旬至 4 月中旬接种菌袋,5 月下旬至 6 月底长菇;秋季宜 8 月初至 9 月上旬接种菌袋,10 月中旬始菇,直至翌年春季长菇。

三、秀珍菇当家品种选择

秀珍菇设施栽培的品种来源不同菌株,其表现性状差异较大,因此要选择市场认可的价位高的品种。

(一)形态秀雅

其菇体单生或从生，菌盖浅灰色至深灰色，小汤匙状。菌柄直，色白，侧生，菌褶稍密，延生(图 4-3)。

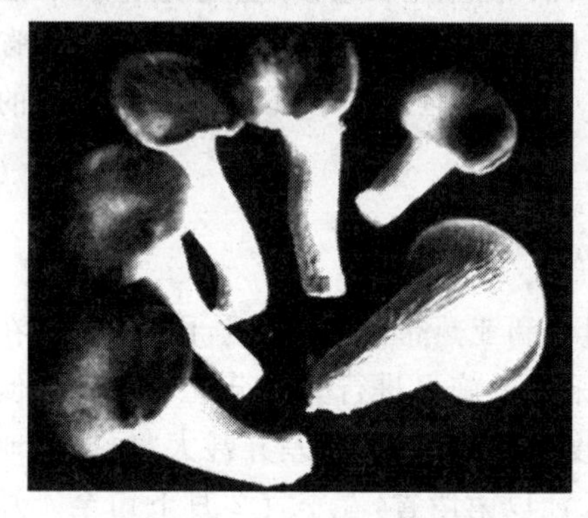

图 4-3 秀珍菇 (引自肖淑霞等)

(二)农艺性好

适用于设施栽培的品种，要求具有适应性广，抗逆性强，出菇快，菇产量高，品质优良，遗传性状稳定的特性。

目前，在栽培上应用较多的、相对成功的品种，主要两个品系：一个品系菌盖多为椭圆形，菌柄较粗大，从生菇较多；菌盖与菌柄口感均绵脆；另一个品系菌盖多为半圆形，菌柄较细，单生菇较多，菌柄口感略有粗韧感。两个品系，均属于中温型品种，适于自然气候常规栽培，但夏季气温高一般不易出菇。因此，生产上必须应用设施化调控适合生态环境，方能获得理想的产量，福建罗源和浙江枫乡，夏季设施栽培选用 572 菌株效果理想。成都川秀 1 号，武汉秀丽 1 号，均可选用。

应当认为，秀珍菇是一种优质的、较特异的一侧耳优良品种。凡能通过低温处理后，能整齐出菇的品种；菌盖不易开裂的；整菇口感绵脆的小朵平菇，均属秀珍菇围内，亦可作为秀珍菇生产用种。

(三)菌株筛选

秀珍菇设施化栽培过程，各地深入开展菌株筛选，取得很好成效。浙江江山市科学院研究所毛小伟、陈小平(2012)对夏季设施化栽培的秀珍菇菌株进行试验比较。该所从国内引进7个菌株为:1号菌株引自福建三明真菌研究所,2、5号菌株引自浙江省农业科学院,3号菌株引自福建罗源华源菌业,4号菌株引自北京吉菌蕈园科技有限公司,6号菌株引自江苏高邮食用菌研究所,7号菌株引自江苏江都天达食用菌研究所。

上述7个不同菌株,通过PDA培养基和菌袋接种培养和出菇管理,其菌丝生长状况和产量与品质比较见表4-1,表4-2。

表4-1　秀珍菇不同菌株在培养基上菌丝生长状况

菌株编号	PDA培养基			棉籽壳木屑培养料			
	长　势	日生长速度(毫米)	满管天数	长　势	日生长速度(毫米)	菌袋污染率1(%)	满袋天数
1	++	5.25	10	+++	4.62	12	32
2	+++	6.25	8	+++	4.76	3	30
3	+++	5.63	9	+++	4.65	9	31
4	+++	6.13	8	+++	4.68	10	30
5	+	3.50	13	+	3.65	8	34
6	++	5.00	10	++	4.36	3	33
7	++	4.75	11	++	4.47	4	34

注:“+++”表示菌丝生长势强,“++”表示菌丝生长势一般,“+”表示菌丝生长势弱。

表 4-2　秀珍菇不同菌株的产量与品质比较

菌株编号	袋产量(克)	子实体外观性状	生物转化率(%)
1	258	色深、盖薄、易开伞、有黄菇病	51.60
2	336	色深、盖厚、内卷、不易开伞、无黄菇病	67.20
3	318	色深、盖厚、内卷、不易开伞、有黄菇病	63.60
4	267	色白、盖薄、易开伞、无黄菇病	63.40
5	315	色深、盖薄、内卷、不易开伞、无黄菇病	63.00
6	317	色浅、盖薄、易开伞、有黄菇病	53.40
7	296	色浅、盖薄、易开伞	59.20

四、设施栽培原料选择与处理

(一)原材料选择

秀珍菇栽培的原料，主要以含木质素和纤维素的农林业下脚料，如杂木屑、棉籽壳、玉米芯、甘蔗渣等秸秆、籽壳；并辅以农业副产品的麦麸或米糠等。栽培原料应按照 NY 5099—2002《无公害食品　食用菌栽培基质安全技术要求》的农业行业标准执行。下面详细介绍适于秀珍菇生产的几类原料。

1. 适生树木屑　适于秀珍菇培养料的树木种类为常绿阔叶树，其营养成分、水分、单宁、生物碱含量的比例及木材的吸水性、通气性、导热性、质地、纹理等物理状态，适于秀珍菇菌丝生长。杂木屑一般含粗蛋白质 1.5%、粗脂肪 1.1%、粗纤维 71.2%、可溶性碳水化合物 25.4%、碳氮比(C/N)约 492∶1。

我国南北省区有大面积果树、每年修剪枝桠数量之多，这些可以充分利用。而在南方蚕桑产区，每年桑树剪枝量大。据化验桑枝含粗纤维 56.5%，木质素 38.6%，可溶性糖 0.36%，蛋白质 2.93%，含氮量明显高于木屑，可收集作为秀珍菇生产原料。

此外，伐木场、锯木厂、木器厂等碎屑，都可以收集作为秀珍菇栽培的培养料。在收集杂木屑时注意以下 3 方面。

(1)剔除含抗菌性木屑　含有油脂、脂酸、精油、醇类、醚类以及芳香性抗菌或杀菌物质的树种，如松、柏、杉、樟、洋槐、夜桓树等不宜直接取用，必须经过技术处理，排除有害物质后方可使用。

(2)草酸浸泡木屑不适用　木器加工厂所采用的树种多为优质杂木，如栲、槠、楮、栎等，用于加工螺丝刀柄、刷柄、枪柄等，其材质坚实，有利于种菇，可以收集利用。但厂方为了防止木料变形，采用草酸溶液浸泡木材，然后再经过烘烤定型。这样的边材碎屑，由于养分受到破坏，用于栽培秀珍菇对产量有影响，所以不理想。

(3)枝桠材直接切碎　果树枝桠、桑枝及加工厂边材碎屑，收集后可直接通过切碎机加工成木屑。

2. 杉、松木屑　我国以杉、松为主的针叶树占森林蓄积量的 70%左右，其木屑资源十分丰富，是可以通过技术处理，利用作为种植秀珍菇原料。据分析，马尾松含碳 49.5%、氢 6.5%、氧 43.2%、氮 0.8%，与大叶栎和其他常用菇木接近。由于杉、松木质含有烯萜类有害于秀珍菇菌丝生长的物质，必须进行技术处理。处理方法有：①高压常压排除法；②蒸馏法；③石灰水浸泡法；④堆积发酵法；⑤水煮法。

3. 农作物秸秆　我国农村每年均有大量的农作物秸秆，籽壳，如棉籽壳、玉米芯、葵花籽壳、黄蔴秆、大豆茎秆、甘蔗渣等，这些下脚料，过去大都作为燃料烧掉，或堆放田头腐烂。这些秸秆是栽培秀珍菇的原料之一，而且营养成分十分丰富，有的比木屑还好。

(1)棉籽壳　为脱绒棉籽的种皮，是粮油加工厂的下脚料。质地松散，吸水性强，含蛋白质 6.85%、脂肪 3.2%、粗纤维 68.6%、可溶性糖 2.01%、氮 1.2%、磷 0.12%、钾 1.3%，是秀珍菇栽培最广的理想原料。棉籽壳质量要求:第一,新鲜,无结团,无霉烂变质,质地干燥。第二,含棉籽仁粉粒多,色泽略黄带粉灰,籽壳蓬松。第三,附着纤维适中,手感柔软。第四,液汁较浓,吸水湿透后,手握紧料,挤出乳汁是紫茄子色为优质。若没有乳状汁,则品质稍差。选料要按季节,夏季气温高,培养料水分蒸发快,选用含籽仁壳多,纤维少的为宜,避免袋温超高。

由于棉花生产中使用农药较多,且棉籽壳中又含有棉酚。用棉籽壳作为栽培基质生产的秀珍菇,其子实体食用的安全性,一向为人们所关心。据有关单位试验结果表明,经过灭菌后棉籽壳中含棉酚 53 毫克/千克。用棉籽壳栽培的秀珍菇子实体中棉酚含量为 49 毫克/千克,认定无公害。

特别提示:近年来发现不法经营者,采用泥土、石灰渣粉或糖化饲料掺入棉籽壳中,造成接种后秀珍菇菌丝不吃料,致使栽培失败。因此,在购买棉籽壳前必须进行检测,凡有掺杂使假的,绝对不能取用,以免造成损失。

(2)玉米芯　脱去玉米粒的玉米棒,称玉米芯,也称穗轴。我国玉米播种面积居粮食作物的第三位,年产玉米芯及玉米秸秆约 9 000 万吨。干玉米芯含水分 8.7%,有机质 91.3%,其中粗蛋白质 2%、粗脂肪 0.7%、粗纤维 28.2%、可溶性碳水化合物 58.4%、粗灰分 2%、钙 0.1%、磷 0.08%。玉米芯加其他辅料,补充氮源,可作为秀珍菇新的原料。要求晒干,将其加工成绿豆大小的颗粒,不要粉碎成粉状,否则会影响培养料通气,造成发菌不良。近年来东北地区对玉米芯采取破碎机加工成颗粒状后,用压榨机压成块状,整块装入编织袋,便于运输。

(3)葵花籽壳　葵花又名向日葵,为高秆油料作物。其茎秆高大,木质素、纤维素含量极高。葵花盘、葵花籽均可利用。据测定,葵花籽壳含粗蛋白质 5.29%、粗脂肪 2.96%、粗纤维 49.8%、可溶性碳水化合物 29.14%、粗灰分 1.9%、钙 1.17%、磷 0.07%、养分十分丰富。

(4)高粱秆　高粱秆含蛋白质3.2%、粗脂肪0.5%、粗纤维33%、可溶性碳水化合物48.5%、粗灰分4.6%、钙1.3%、磷0.23%，是营养成分丰富的原料。

(5)大豆秸　含粗蛋白质13.8%、粗脂肪2.4%、粗纤维28.7%、可溶性碳水化合物34%、粗灰分7.6%、钙0.92%、磷0.21%，是一种营养成分丰富的秀珍菇栽培原料。

(6)棉花秆　棉花秆，北方又叫棉柴。纤维素含量达41.4%，接近杂木屑42.7%的含量，其粗蛋白质含量4.9%、粗脂肪0.7%、可溶性碳水化合物33.6%、粗灰分3.8%，还有钙、磷成分，是秀珍菇的好原料，现有开发利用较少，均作燃料燃烧掉。

秀珍菇产业要发展，原料使用上必须改变观念，开拓创新，充分发挥利用各种农作物秸秆。我国每年有农作物秸秆7亿吨，大大超过种植业产品的总产量；而且分布广泛，从资源角度看，这些数量巨大的可再生能源，开发利用起来就可从根本上解决秀珍菇生产可持续发展的原料问题；还可提高农业生产综合效益，属于循环经济。秸秆类比较膨松，可仿照玉米芯破碎压块方法，使其缩小体积，便于贮藏运输。

4. 工业废渣类　甘蔗渣为榨糖厂的废渣，我国蔗渣每年产量在600万吨左右。新鲜干燥的甘蔗渣，白色或黄白色，有糖的芳香。一般含水分8.5%、有机质91.5%，其中粗蛋白质2.54%、粗脂肪11.6%、粗纤维43.1%、可溶性碳水化合物18.7%、粗灰分0.72%。可以收集用作原料。

5. 野草类　野生草本植物都含有菇类的营养成分。可以用来栽培秀珍菇。常用的类芦、斑茅、芦苇、菅、象草、获等，是可利用的一种好原料。

(二)辅助营养料

辅助营养料,由碳源辅料及氮源辅料和矿质添加剂 3 种组成。这是根据原料的理化性状的优缺点,添加辅料,弥补主料营养成分中一些方面的不足,达到培养基优化,实现高产高效目的。常用以下品种。

1. 麦麸 麦麸是小麦籽粒加工面粉时的副产品。是麦粒表皮、种皮、珠心和糊粉的混合物。是一种优良的辅料。其主要成分为:水分 12.1%、粗蛋白质 13.5%、粗脂肪 3.8%、粗纤维 10.4%、可溶性碳水化合物 55.4%、灰分 4.8%,其中维生素 B_1 含量高达 7.9 微克/千克。麦麸蛋白质中含有 16 种氨基酸,尤以谷氨酸含量最高可达 46%,营养十分丰富。麦麸中红皮、粗皮做成培养料透气性好;白皮、细皮淀粉含量高,添加过多易引起菌丝徒长。市场上有的麦麸掺杂,购买时先检测,可抓一把在掌中,吹风检验,若混有麦秸、芦苇秆等,一吹易飞,且手感不光滑、较轻。表麸的质量要求足干,不回潮,无虫卵,无结块,无霉变现象。

2. 米糠 米糠是稻谷加工大米时的副产品,也是秀珍菇生产的氮源辅料之一,可取代麦麸。它含有粗蛋白质 11.8%、粗脂肪 14.5%、粗纤维 7.2%、钙 0.39%、磷 0.03%。其蛋白质、脂肪含量高于麦麸。选择时要求用不含谷壳的新鲜细糠,因为含谷壳多的粗糠,营养成分低,对产量有影响。米糠极易滋生螨虫,宜放干燥处,防止潮湿。

3. 玉米粉 玉米粉因品种与产地的不同,其营养成分亦有差异。在培养基中加入 2%~3% 的玉米粉,增加碳素营养源,可以增强菌丝活力,产量显著提高。

(三)添加剂

培养料配方中常用石膏粉、碳酸钙,以及过磷酸钙、尿素等化学物质。有的以改善培养料化学性状为主，有的是用于调节培养料的酸碱度，常用添加剂有以下几种。

1. 石膏　石膏的化学名称叫硫酸钙，弱酸性，分生石膏与熟石膏两种。农资商店经营的石膏，即可作为栽培秀珍菇的辅料使用。石膏在生产上广泛用作固体培养料中的辅料，主要作用是改善培养料的结构和水分状况，增加钙营养，调节培养料的 pH 值，一般用量为 1%～2%。

2. 碳酸钙　纯品为白色结晶或粉末，极难溶于水中，水溶液呈微碱性，因其在溶液中能对酸碱起缓冲作用，故常作为缓冲剂和钙素养分，添加于培养料中，用量 1%～2%。

3. 石灰　石灰即氧化钙（CaO），遇水变成氢氧化钙具有碱性，配料中添加 1%～3%，用于调节 pH 值。

4. 过磷酸钙　过磷酸钙是磷肥的一种，也称磷酸石灰，为水溶性，灰白色或深灰色，或带粉红色的粉末。有酸的气味，水溶液呈酸性，用量一般为 1%左右。

5. 尿素　尿素是一种有机氮素化学肥料，在秀珍菇生产中用作培养料补充氮素营养，其用量一般为 0.1%～0.2%。

6. 硫酸镁　硫酸镁，又称泻盐，无色或白色结晶体，易风化，有苦咸味，可溶于水，它对微生物细胞中的酶有激活反应，促进代谢。在培养基配方中，一般用量为 0.03%～0.05%，有利于菌丝生长。

（四）栽培基质安全

秀珍菇栽培原料及添加剂，应符合国家农业部发布的 NY 5099—2002《无公害食品　食用菌栽培基质安全技术要求》。原、辅材料严格“把好四关”。

1. 采集质量关　原材料要求新鲜、无霉烂变质。

2. 入库灭害关　原料进仓前烈日暴晒，杀灭病原菌和虫害、虫蛆。

3. 贮存防潮关 仓库要求干燥、通风、防雨淋、防潮湿。

4. 堆料发酵关 原料使用时，提前堆料暴晒，有利杀灭潜伏在料中的杂菌与虫害。经灭菌后的基质须达到无菌状态，不允许加入农药拌料。

无公害基质添加剂用量标准。见表 4-3。

表 4-3 秀珍菇无公害栽培基质化学添加剂规定标准

添加剂种类	使用方法和用量
尿 素	补充氮源营养，0.1%～0.2%，均匀拌入栽培基质中
硫酸氨铵	补充氮源营养，0.1%～0.2%，均匀拌入栽培基质中
碳酸氢铵	补充氮源营养，0.1%～0.5%，均匀拌入栽培基质中
氰氨化钙（石灰氮）	补充氮源营养和钙素，0.2%～0.5%，均匀拌入栽培基质中
磷酸二氢钾	补充磷和钾，0.05%～0.2%均匀拌入栽培基质中
磷酸氢二钾	补充磷和钾，用量为0.05%～0.2%，均匀拌入栽培基质中
石 灰	补充钙素，并有抑菌作用，1%～5%均匀拌入栽培基质中
石 膏	补充钙和硫，1%～2%，均匀拌入栽培基质中
碳酸钙	补充钙，0.5%～1%，均匀拌入栽培基质中

五、设施栽培培养料配制技术

（一）长菇载体

生产工艺流程见图 4-4。

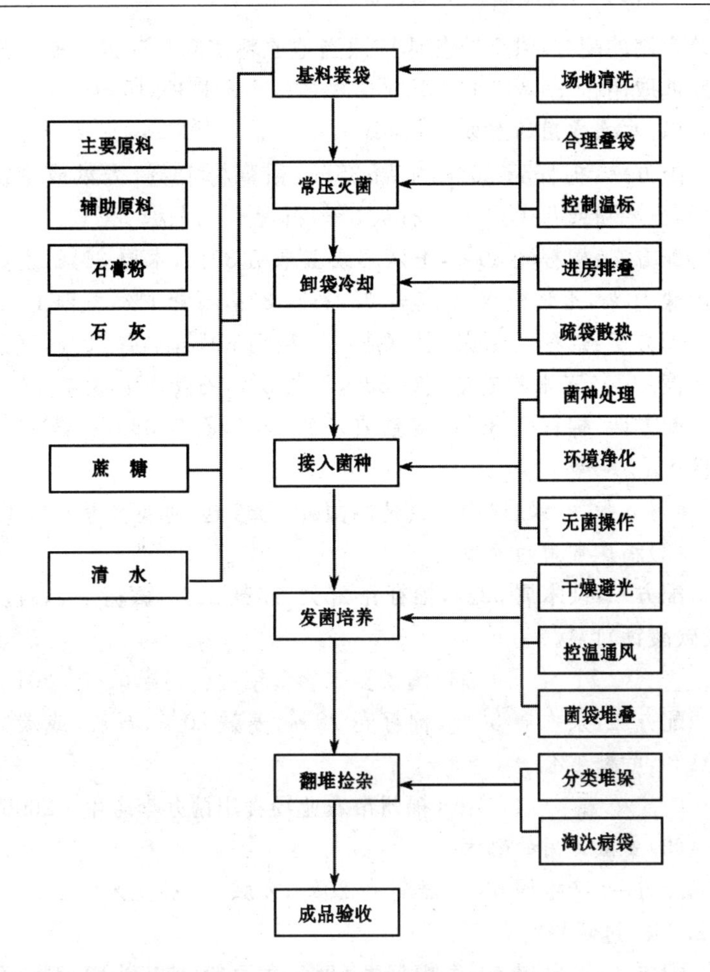

图 4-4　秀珍菇菌袋规范化生产工艺流程

(二)适用培养基配方

秀珍菇设施栽培的培养基配方，通常以木屑与棉籽壳混合料为主，辅以麦麸，玉米粉及石膏、石灰、蔗糖。下面介绍主产区设施栽培常用的配方,供全国各地按照当地原料实际状况因地制宜选择性地取用。

(1)广东常用的配方

配方一:棉籽壳 30%,木屑 35%,稻草粉 15%,麦麸或米糠 10%,玉米粉或花生麸 5%,石灰 3%,石膏 1%,蔗糖 1%。

配方二:棉籽壳 30%,玉米芯或玉米秸 30%,木屑 20%,麦麸或米糠 10%,玉米粉或花生麸 5%,石灰 3%,石膏 1%,蔗糖 1%。

配方三:棉籽壳 30%,甘蔗渣或麦秸粉 30%,木屑 20%,麦麸或米糠 10%,玉米粉或花生麸 5%,石灰 3%,石膏 1%,蔗糖 1%。

配方四:棉籽壳 80%,麦麸或米糠 15%,石灰 3%,石膏 1%,蔗糖 1%。

(录自《中国食药用菌》·秀珍菇,何焕青等·2010)

(2)福建常用的配方

配方一:杂木屑 53%,棉籽壳 25%,麦麸 20%,蔗糖 1%,石灰(或碳酸钙)1%。

(福建闽侯县丰珍食用菌公司廖承杰·2012)

配方二:杂木屑 50%,棉籽壳 28%,麦麸 20%,石灰(或碳酸钙)1%,蔗糖 1%。

(福州市农业局食用菌办李志生·2006)

(3)安徽常用的配方

配方一:杂木屑 63%,棉籽壳 20%,麦麸 12%,玉米粉 2%,石灰 2.5%,过磷酸钙 0.5%。

配方二:杂木屑 40%,棉籽壳 55%,黄豆粉(或玉米粉)2%,石膏 2%,过磷酸钙(钙镁磷肥)1%。

(4)浙江常用的配方

配方一:杂木屑 66.8%,棉籽壳 15%,麦麸 15%,石灰 2%,轻质碳酸钙 1.2%。

(浙江桐乡市蚕业管理站姚利娟·2012)

配方二：棉籽壳20%，杂木屑55%，麦麸15%，玉米粉5%，黄豆粉3%，石膏1%，石灰1%。

（浙江江山市农科所毛小伟、陈小平·2012）

(5)江苏常用的配方

棉籽壳58%，玉米芯20%，麦麸20%，石灰1%，石膏1%。

（江苏丰县农业局汪秀云等·2010）

(6)四川常用的配方

棉籽壳48%，杂木屑21%，玉米芯15%，麦麸15%，轻质碳酸钙1%。

（四川成都绿亨科技发展公司·2011）

(7)山东常用配方

杂木屑40%，棉籽壳30%，玉米芯10%，麦麸18%，蔗糖1%，石灰1%。

(8)河南常用配方

棉籽壳30%，木屑35%，玉米芯17%，麦麸15%，石灰2%，蔗糖1%。

(9)桑枝屑培养基配方　在培养基配方上，各地科研部门根据当地资源进行试验。浙江省杭州市农科院蔬菜所菌种站，2008年春季行桑枝屑多种培养基配方，采用杭农1号秀珍菇菌株，进行6个配方试验栽培。

配方一：桑枝屑10%，棉籽壳68%，麦麸20%，石膏1%，蔗糖1%。

配方二：桑枝屑20%，棉籽壳58%，麦麸20%，石膏1%，蔗糖1%。

配方三：桑枝屑30%，棉籽壳48%，麦麸20%，石膏1%，蔗糖1%。

配方四：桑枝屑40%，棉籽壳38%，麦麸20%，石膏1%，蔗糖1%。

配方五：桑枝屑50%，棉籽壳28%，麦麸20%，石膏1%，蔗糖1%。

配方六：棉籽壳78%，麦麸20%，石膏1%，蔗糖1%，为对照(CK)。

不同培养基配方对秀珍菇菌丝生长及长菇产量的影响，见表

4-4,表 4-5。

表 4-4　不同培养基配方对秀珍菇菌丝生长的影响

处　理	菌丝长势	菌丝满袋平均天数
1	+++	30.0
2	+++	30.4
3	+++	31.2
4	+++	32.0
5	+++	33.0
6(CK)	+++	29.0

表 4-5　不同培养基配方对秀珍菇头两潮菇产量的影响

处　理	产量(克)	生物转化率(%)	比对照增减 1%
1	6562.5	65.63	+0.13
2	6575.0	65.75	+0.25
3	6455.0	64.55	-0.95
4	6425.0	64.25	-1.25
5	6250.0	62.50	-3.00
6(CK)	6550.0	65.50	—

(三)培养基碳氮比例掌握

秀珍菇生长发育不仅需要充足的营养,更重要的在于影响它生长发育过程中的营养平衡。其中最关键的是培养基中的碳素、氮素的浓度要有适当的比例,即碳氮比(C/N)要合理。秀珍菇利用木质素的能力差,而利用蛋白质的能力极强。在培养基配方中,必须加入能满足其生理需要的各种碳源和氮源。

秀珍菇菌丝生长阶段碳氮比要求 20∶1,子实体分化发育阶段则要求碳氮比为 30～40∶1。如果氮浓度过高，酪蛋白氨基酸超过 0.02%时，原基分化就会受到抑制，子实体难以形成。计算培养料的碳氮比(C/N)方法：把各类原材料的碳素相加，所得总数除以各种原料、辅料的氮素相加，所得的商数，就得出碳氮比。计算公式如下。

$$C/N=\frac{C_1W_1+C_2W_2+\cdots\cdots}{N_1W_1+N_2W_2+\cdots\cdots}$$

公式中的 C_1、C_2、C_3……，分别为各种原材料的含碳量；公式中的 N_1、N_2、N_3……，分别为各种原材料的含氮量；公式中的 W_1、W_2、W_3……，分别为培养料各种物料的重量。

各种原料、辅料的碳氮含量不一，在选料时应先查出其碳氮百分比量，并按照上述方法进行预算，以达到配方 C/N 的合理性。

(四)配料操作技术规程

培养料配制技术规程如下。

1. 定量取料　按照当天装袋数量和选定的培养基配方，计算用料总量，然后称取原、辅料。一般每栽培 1 万袋，按 17 厘米×38 厘米袋，平均每袋装干料量 650 克；如果是 18 厘米×36 厘米袋，平均每袋装干料量 600 克，并按配方百分比分别计算主料与辅料量。

2. 调水比例　秀珍菇培养料配方用水量，因原料物理性状不同和干燥程度不一，料与水比例有别：一般木屑培养基配方为 1∶1.1，棉籽壳培养基配方为 1∶1.2，玉米芯，甘蔗渣，野草等吸水性强的应为 1∶1.3～1.4。为了便于栽培者掌握每 100 千克干料，配制时应加水量达到含水率 60%～65%。

3. 操作步骤　称取原料、辅料和清水，混合搅拌配制成培养基，具体操作规程与要求如下。

(1)选择场地　以水泥地和木板坪为好。泥土地因含有土沙，加水后泥土溶化会混入料中，不宜采用。选好场地后进行清洗并清理四周环境。

(2)过筛除杂　先把棉籽壳、木屑、麦麸等主要原料、辅料，分别用2～3目的竹筛或铁丝筛过筛，剔除小木片、小枝条及其他有棱角的硬物，以防装料时刺破塑料袋。

(3)分别混合　先将木屑、麦麸、石膏、石灰等搅拌均匀，然后把可溶性的添加物，如蔗糖、尿素、过磷酸钙、硫酸镁、磷酸二氢钾等溶于水，再加入干料中混合。

(4)加水搅拌　采用自动化搅拌机时，将料混合集堆，拌料机开堆，搅拌、反复运行，使料均匀。农村手工搅拌必须采取集堆，开堆，反复搅拌3～4次，使水分被原料均匀吸收。棉籽壳配方时，应提前1天将棉籽壳加水预湿，使水分渗透籽壳中。然后过筛打散结团。过筛时应边洒水，边整堆，防止水分蒸发。

4. 测定标准　培养料配制后必须进行两项测定，常用感官测定。

①含水量测定　培养料含水量要求达到60%。测定方法用手握紧培养料，指缝间有水滴为标准。若手握料指缝间水珠成串下滴，掷进料堆不散，表示太湿。水分偏高，不宜加干料，以免配方比例失调，只要把料摊开，让水分蒸发至适度即可。如果水分不足，可加水调节。

②酸碱度测定　秀珍菇培养基灭菌前，pH值6～7(灭菌后自然降会下降至5～6)测定方法：称取5克培养料，加入10毫克中性水，用石蕊纸蘸澄清液，即可查出酸碱度。也可取广范试纸一小片，插入培养料中30秒钟后，取出对照标准色板比色，从而查出相应的pH值。经过测定，如培养基偏酸，可加4%氢氧化钠溶液进行调节，或用石灰水调节至达标。

5. 配料关键控制点　在培养基配制中应严格控制“五关键”。

(1)含水量控制　调水掌握“四多四少”即：一是基质颗粒细或

偏干的，吸收性强的，水分宜多些；基质颗粒硬或偏湿的，吸水性差，水分应少些。二是晴天水分蒸发量大，水分应偏多些；阴天空气湿度大，水分不易蒸发，则偏少。三是料场所是水泥地的因其吸水性强，水分宜多些；木板地吸收性差、水分宜调少些。四是海拔高和秋季干燥天气，用水量略多；气温 30℃以下配料时，含水量应略少些。木材质地坚硬与松软，木屑颗粒粗与细，本身基质干与湿之差，一般约相差 10%。特别是甘蔗渣、棉籽壳、玉米芯等原料，吸水性极强，所以调水量应相应增加。

(2)均匀度控制　拌料不均匀，培养料养分不均衡，接种后会出现菌丝生长不整齐。比如，配方中常用过磷酸钙，如若没经溶化就倒入料中，拌料后又没过筛，过磷酸钙整块集聚，装袋后集中在部分袋内，致使秀珍菇菌丝接触这部分培养料时难以生长。有的由于拌料不均匀，导致氮源不均匀，只长菌丝而不出菇。因此，配料时要求做到“三均匀”，即原料与辅料混合均匀，干湿搅拌均匀，酸碱度均匀。

(3)操作速度控制　秀珍菇秋栽量一般较多，此时气温25℃～30℃，常因拌料时间延长，培养料发生酸变，接种后菌袋成品率不高。因为培养料配制时要加水，加糖，再加上气温高，极易使其发酵变酸。所以，当干物料加水后，从搅拌至装袋开始，其时间不超过 2 小时为宜。这就要做到搅拌分秒必争，当天拌料，及时装袋灭菌，避免基质酸变。要推广使用新型拌料机拌料，加快速度。如若人工拌料，就要配足拌料人手，抓紧进行，要求在 2 小时内拌料结束。

(4)污染源控制　在培养料配制中，为避免杂菌侵蚀，必须从原料选择入手，要求足干，无霉变；在配料前原料应置于烈日下暴晒 1～2 天，利用阳光的紫外线杀死存放过程感染的部分霉菌。拌料选择晴天上午气温低时开始，争取上午 8 时前拌料结束，转入装料灭菌，避免基质发酸，杂菌滋生。

(5)添加剂控制　培养基添加剂必须实施国家农业部 NY 5099—2002,《无公害食用菌栽培基质化学添加剂规定标准》。

六、培养料装袋技术

(一)塑料袋规格质量

秀珍菇栽培袋绝大多数生产单位是采用 17 厘米×38 厘米或 18 厘米×36 厘米的高密度聚乙烯塑料成型折角袋,一头开口装料,单头出菇。此种规格袋适于冲压装袋机装料。也有采用 22 厘米×42 厘米大袋,两头开口,两端接种,两端出菇。

(二)装袋操作程序

现有秀珍菇设规模生产的厂家,装袋工序均仿照“太空包”生产线的冲压装袋机装料。自动化程度和生产功率高,培养料通过搅拌机拌匀过筛后,输送入圆盘自动旋转装料冲压机。操作人员对准出料筒口,将塑料袋套入,料冲压入袋;中间自动打 1 个深 120 毫米的接菌穴洞。

操作时接上电源,预转机械,即可把贮料仓培养料送入搅拌机内混合;并通过输送带自动把拌匀料送到冲压装袋机上。随机运输,培养料即被冲压进袋。操作人员主要是套袋,卸袋后,袋口套环塞棉花。每班配备 6 人,10 小时为一班,可装袋 1 万～2 万袋。装袋后料高度为 17 厘米～18 厘米。若采取塑料棒入穴的,在套口时先将塑料棒插入接种穴洞中间;然后套环塞棉封口;最后装入塑料周转筐内,每筐 12 袋,方便重叠运进灭菌灶灭菌。

一般农家设施栽培可采用半自动化装袋机,每台机配备操作人员 5 人,其中上料 1 人,掌机 1 人,传袋 1 人,扎袋 2 人。每台每小时可装 1 500～2 000 袋。半自动化装料具体操作规程:

1. 掌机运转 装袋机使用时，应根据装袋需要，更换相应的绞龙套。检查机件各个部位的螺栓连接是否牢固，传动带是否灵活。然后按开关接通电源，装入培养料进行试机。绞龙转速为650转/分。生产过程中，若发现料斗外有物料架空时，应及时拨动斗内的物料，但不得用手直接伸入料斗内拨动物料，以免轧伤手指。

2. 装料入袋 先将薄膜袋口一端张开，整袋套进装袋机出料口的套筒上，双手向薄膜袋口紧托。当料从套筒源源输入袋内时，右手撑住袋头往内紧压，形成内外互相挤压，使料入袋后更坚实。此时左手托住料袋，顺其自然后退。当填料接近袋口4厘米处时，料袋即可取出，并转入下一道捆扎袋口工序。

3. 套环塞 培养料装袋后，袋口上塑料套环(其规格内径3.5厘米，高3厘米)，形成瓶颈状，用棉花塞口。

4. 防止爬料破袋 机装速度较快，如果套环塞口操作来不及，袋子填料后应捏紧袋口薄膜反折过来，避免爬料。套口塞棉后，用纱布擦去袋面残余物，平放在铺有麻袋或薄膜的地上，防止地上沙粒磨破料袋。

手工装料大多安排女工。装料操作方法：把薄膜袋口张开，用手一把一把地把料塞进袋内。当料装到1/3时，把袋提起，在地面小心振动几下，让料落实。再继续填料，当装至满袋时，用手在袋面旋转下压或朝袋口拳击数下，使袋料紧实无空隙，然后再填充足量。袋头留薄膜5厘米，转入扎口，方法同机装。

(三)装料量标准

培养料装袋量因原料基质不同，差异较大，木屑为原料的因材质硬松有别，棉籽壳为原料的，籽壳附着棉纤维多少有别；玉米芯、甘蔗渣、野草、豆秸粉等较为松，因此每袋装料量标准无可统一规定。这里以棉籽壳为原料的配方，不同规格栽培袋，一般松紧度装料量,见表 4-6。

表 4-6　秀珍菇常用栽培袋的装料量

料袋规格（长×宽/厘米）	干料量（克/袋）	湿　重（克/袋）	装料高度（厘米）
15.3×33	350～400	750～850	14～15
17×38	500～600	1050～1250	17～18
18×36	500～600	1050～1250	17～18

装料量多少视栽培实际需要,袋口薄膜少留,装量就多;反之,袋口薄膜多留,装量就少。因此,每袋装量多少,自行灵活掌握。

(四)装袋质量要求

装袋好坏关系到培养基质量,直接影响成品率高低和秀珍菇的产量。为此,无论是机装和手工装,都必须做到“五达标”。

1. 不超时限　培养料配制后,如果装袋时间拖延,袋内积温致使微生物繁殖,造成基料发酸,使 pH 值变化,对菌丝生长不利。因此,装袋操作时限性很强,即从培养料加水到拌料装袋结束,时间不应超过 5 小时,以防培养料发酵变酸。在生产中要根据本批料袋的数量和装袋生产力,安排相应的人手,确保在时限内完成装袋指标。

2. 松紧适中　培养料的松紧度标准,应以成年人抓料袋,五指用中等力捏住,袋面呈微凹指印,有木棒状感觉为妥。如果手抓料袋料有断裂痕,表明太松。

3. 袋口塞封　袋口采用套环塞棉或是扎口的,要求不漏气,防止灭菌时袋料受热膨胀,气压冲散扎头。袋口不密封,杂菌从袋口侵入。

4. 轻取轻放　装料和搬运过程要轻取轻放,不可乱摔,以免破裂料袋。

5. 日料日清　培养料的配装量要与灭菌设备的吞吐量相衔接，做到当日配料，当日装完，当日灭菌。

七、培养基灭菌类型与操作技术

培养基灭菌类型分为常压高温灭菌和灭菌柜灭菌，以及高压锅灭菌。

（一）常压灭菌操作规程

料袋灭菌多采取常压高温灭菌方法，将有害的微生物，包括细菌芽孢和霉菌厚垣孢子等全部杀灭，这是一种彻底的灭菌方法。

秀珍菇料袋灭菌工作做得好坏，直接关系到菌袋培养的质量和杂菌污染率。一些栽培者在灭菌上麻痹大意，工作马虎失误，以致培养料酸变或灭菌不彻底，接种后杂菌污染严重，菌袋成批报废，损失严重。为此，灭菌必须“五注意”：

1. 及时进灶　培养料未灭菌前，蕴存有大量微生物群，在干燥条件下处于休眠或半休眠状态。特别是老菇区空间杂菌孢子甚多，当培养料调水后，酵母菌、细菌活性增强；加之，配料处于气温较高季节，培养料营养丰富，装入袋内容易发热，如未及时转入灭菌，酵母菌、细菌加速增殖，将基质分解，导致酸败。因此，装料后要立即进灶灭菌。

2. 合理叠袋　秀珍菇料袋上灶叠包时，采取一行接一行，自下而上重叠排放，上下形成直线；前后叠的中间要留空间，使气流自下而上畅通，蒸汽能均匀运行。有些栽培者采用“品”字形重叠，由于上包压在下包的缝隙，气流受阻，蒸汽不能上下运行，会造成局部死角，使灭菌不彻底。叠好包后，罩紧薄膜，外加麻袋或帆布，然后用绳索缚扎好灶台的钢钩上，四周捆牢，以防蒸汽把罩物冲飞。

3. 控制温度　料袋上灶后，立即旺火猛攻，使温度在 5 小时内迅速上升至100℃,这叫"上马温"(即从点火至100℃。)如果在5小时内温度不能达到100℃,就会使一些高温杂菌繁衍,使养分受到破坏,影响袋料质量。达到100℃后,一般灭菌灶要保持16～18小时,中途不要停火,不要掺冷水,不要降温,使之持续灭菌,防止"大头、小尾、中间松"的现象。大型罩膜灭菌灶,膜内温度提升较快,因此应以蒸汽从罩膜下旁压出的叫声信号,表示内在温度达100℃。但因容量大,所以温度上升至100℃后应保持24小时,才能达到彻底灭菌目的。

4. 认真观察 在灭菌过程中,工作人员要坚守岗位,随时观察温度和水位,检查是否漏气。如果温度不足,则应加大火力,确保持续不降温。及时补充热水,防止烧干。

5. 卸袋搬运 袋料达到灭菌要求指标后,即转入卸袋工序。大型罩膜灶卸袋前,将罩膜揭开让热气散发。

(二)灭菌柜灭菌操作规程

规模化栽培秀珍菇的生产基地,可采用常压锅炉、常压灭菌柜的设施进行灭菌。灭菌操作的程序如下。

1. 料袋进柜 将料袋装入铁架周转筐,或采用编织袋装包,然后集摆于装载车上,推入灭菌柜内。关闭两端柜门,以棉纱袋塞填柜门底缝隙。

2. 送气排冷 适量开启柜顶阀及两侧排气阀、门端侧的进气阀和锅炉房内送气阀,让高压蒸汽沿进气管喷射口喷出,柜内冷气由排气阀排出。

3. 温标时限 柜内温度上升至100℃,历时4小时,使料袋中心料温达到100℃。此时调节进气阀并计时,使柜内温度保持100℃后,并持续10～13小时。

4. 排除余气 灭菌达标后关闭锅炉房送气阀和柜端进气阀,调节灭菌柜两侧排气阀。待排气阀排出的气雾消失时,稍开两端柜门，让柜内余气逸尽。

5. 出柜冷却　灭菌达标后用铁钩拉出料袋装载车。推进冷却室或直接送入接种室。料袋装载车之间，应留 30～50 厘米间隙，以利散热。然后进入排场冷却。

（三）高压灭菌操作技术规程

采用高温高压蒸汽灭菌的方法，操作技术规程如下。

1. 合理垒袋　灭菌锅内蒸汽是否流畅，关系到灭菌温度是否均匀。料袋若排垒得过多，会妨碍蒸汽的流通，影响温度分布的均匀，造成局部温度较低，甚至形成温度“死角”，达不到彻底灭菌，导致以后杂菌污染。

2. 排尽冷气　灭菌锅内留有冷空气，密闭加热时，冷空气受热很快膨胀，使压力上升，造成灭菌锅压力与温度不一致，产生假象蒸汽压，致使灭菌不彻底。排除冷空气的方法，有缓慢排气和集中排气两种。缓慢排气法，即开始加热灭菌时即打开排气阀，随着温度的逐渐上升，灭菌锅内的冷空气便被排出，当锅内温度上升至 100℃，大量蒸汽从排气阀中排出时即可关闭排气阀，进行升压灭菌。集中排气法，即在开始加热灭菌时，先关闭排气阀。当压力上升至 0.05 兆帕时，打开排气阀，集中排出空气，让压力降至“0”。然后再关闭排气阀，进行升压灭菌。

3. 灭菌温标　高压蒸汽灭菌，应根据培养基物质而定。木屑培养基灭菌通常采用 0.15 兆帕的压力，灭菌时间 1～1.5 小时；棉籽壳为主的培养基适当延长至 2.5 小时较适合。高压灭菌温度与蒸汽压力对照表，详阅菌种制作工艺中培养基高压灭菌一题。

4. 出锅控速　灭菌达标后，启开锅门时，要缓慢开启，防止锅内与锅外温差过大，而引起薄膜膨胀，造成袋膜皱纹；或气压过大引起袋头松脱。因此，揭开锅盖时，应先将锅盖一侧内靠，一侧外斜，让锅内蒸汽徐徐排出后，再揭开锅盖排出蒸汽。料袋趁热卸锅或卸灶，会起到巴氏灭菌作用，可避免搬运过程外界杂菌孢子落附在袋面。

5. 卸袋散热 料袋卸灶或卸锅后趁热搬进冷却室内，进行疏袋散热。进房后的料袋可采取架摆叠每叠 3～4 袋，或平地垒叠 6～7 袋，形成墙式，前后排间距 10～50 厘米。将室内的所有门窗打开，让空气对流，若是秋季制袋的，自然气温高，降温慢，室内采取风扇、排风扇散热。料袋冷却的时间一般需要 24 小时，直至手摸袋而无热感。要求温度降至 28℃以下，检测方法可采取棒形温度计插进袋内观察料温。如料温超过 28℃，则应继续冷却至达标，方可进入下一道接种工序。

八、菌袋接种培养管理技术

（一）接种场所

现有秀珍菇设施栽培的规模大小，其接种场设施不同，下面介绍常用接种场所。

1. 净化间 进入工厂化规模生产的单位，均设置净化接种间。采用高效空气过滤器，流水线接种。设置中、高效过滤器，高速送风口、风淋室、超级净化层流罩、传递窗，净化工作台，组合式空调机组等净化设施。充分发挥高科技手段净化接种环境，其净化效果良好，但一次性投入大。

2. 无菌室 一般设施化栽培单位必须建造无菌室用于接种。无菌室面积以 6 米^2 左右为宜，长 3 米、宽 2 米、高 2 米。要求封闭性好，墙壁、地面要平整光滑。室外要有一间缓冲室，供工作人员换衣服、鞋帽、洗手等准备工作用，并可防止外界空气直接进入。无菌室和缓冲室的门不要设在同一直线上，而且要安装推拉式门。无菌室和缓冲室都要安装 30 瓦的紫外线灯和日光灯各 1 支。接种时，紫外线灯要关闭，以免伤害人体和菌种。无菌室示意见图4-5。

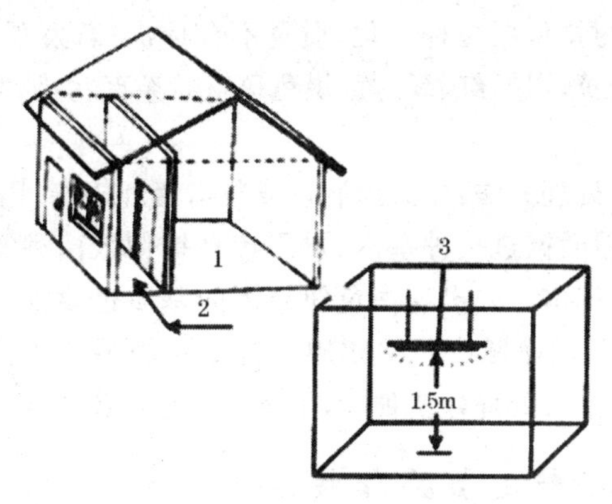

图 4-5　无菌室示意图

1. 无菌室　2. 缓冲室　3. 紫外线灯

3. 塑膜接种帐　在野外塑料大棚和日光温室内，采用4米宽的聚乙烯塑料薄膜围罩成“接种帐”。四周衔接种处用胶纸粘密，帐内面积5～6米^2，地面清理平整，铺上细沙盖上地膜，形成无菌状态的接种帐。

4. 接种箱　小规模生产可利用接种箱接种，把料袋连同菌种和接种工具一起搬进箱内。按常规消毒后进行接种。

无论是无菌室或是普遍房间作接种室或塑膜接种帐，为达到无菌条件，工作间必须严格消毒，净化环境。要求在接种前做到“两次消毒”，即空房先消毒，料袋进房后再消毒。

（二）菌种预先处理

为保证料袋接种不受杂菌污染，除了做好接种场所消毒灭菌处理外，菌种这一关要把严。

无论是从专业制种单位购买的菌种或是自行扩大培育的菌

种。在料袋接种前必须预先检验，如果瓶袋壁出现水珠，菌丝萎缩与瓶袋壁脱离，表面菌被变褐色，培养料干涸松散，或出现酱红色斑点，原基纽结说明菌种老化，质量不合标准；若发现菌丝走势中断或色泽变黄；以及红、绿、黄、黑色斑点状杂菌污染，则为劣菌种，应淘汰。

菌种预处理方法：先拔掉瓶口或袋口套环棉塞，用塑料袋包裹瓶或袋口，然后搬进接种室内，再用接种铲伸入菌种瓶袋内，把表层老化菌膜挖出。如出现白色纽结团的基质也要挖出，并用棉球蘸75%酒精，擦净瓶（袋）壁四周。若是扎袋头的菌种，开袋口预处理后同样方法处理好菌种后，把袋口扭拧后搬进接种箱内接种。

（三）接种无菌操作技术

料袋接种必须在袋温降至28℃以下方可进行接种。如果袋温超标，菌种接入后被灼热，影响萌发。接种无菌操作要求如下。

1. 时间选择 选择晴天午夜或清晨接种，此时气温低，杂菌处于休眠状态，有利于提高菌袋接种的成品率。雨天空气湿度大，容易感染霉菌，不宜进行接种。

2. 接种物入室 将灭菌后和塑料袋搬入无菌室或接种帐内后，连同菌种，接种工具，酒精灯一起，进行第二次消毒。先用气雾剂熏30分钟以上，接种前40～60分钟，再用紫外线灯照射30分钟，达到无菌条件。工作人员穿戴工作服、帽和口罩及拖鞋。农家接种人员，要求洗净头发并晾干，更换干净衣服，方可入室。接种前双手用75%酒精擦洗或戴乳胶手套。

3. 接种方法 现有接种方式是先拔出袋口棉塞或打开袋口扎绳；然后用弹簧接种器或用套塑料指套的手，把木屑菌种接入料内接种穴中；最后回复棉塞或扎好袋口。如果是采用枝条菌种的，先拔出预埋的塑料棒，将菌条插进洞内，再塞棉或扎口。

4. 操作迅速 由于接种时打开袋口，使培养料暴露于空间，如果室内消毒不彻底，残留杂菌孢子容易趁机而入；同时，接种时间延长，空间温度相对升高，也容易引起感染。因此，要求操作速度敏捷快速，减少菌种露空机会。

5. 接种后通风　每一批料袋接种完后，必须打开门窗通风换气30～40分钟，然后关门窗，重新进行消毒，继续接种。有的菇农接种常在普通房间内用塑料薄膜四周罩住，密封性较强，但接种后如果不通风，由于室内人的体温，加上接种时打开袋（瓶）口，使料内水分蒸发，形成高温高湿，容易带来杂菌的积累，势必造成污染。

6. 清理残留物　在接种过程中，菌种瓶的覆盖膜废弃物，尤其是工作台及室内场地上的木屑等杂质，必须集中一角，不要乱扔。待每批料袋接种结束后，结合通风换气，进行一次清除，以保持场地清洁，杜绝杂菌的污染。

7. 强调岗位责任　由于袋栽秀珍菇生产规模较大，接种工作量相当大。接种人员要做好个人卫生，严格按照无菌操作规程进行接种。要安排好人手，落实岗位责任制。加强管理，认真检查，及时纠正，确保善始善终地按照技术规范要求进行操作。

（四）养菌场所要求与堆叠方式

菌袋培养的场所，总体要求在避光、干燥、通风、温度23℃～28℃恒温的环境条件下进行。根据其种性特性，菌袋发菌培养阶段称为“前半生”应在室内培养易于控制温度，使菌丝生长发育正常；而“后半生”出菇阶段，在野外菇棚比较适合。因此，有人把它称为前后“二区制”。而在我国北方许多地区，发菌培养和出菇管理均在同一的日光温室内进行，称为“一场制”。不论是在室内养菌或是在日光温室养菌，在进袋前10天要将养菌场所打扫干净，并进行一次彻底消毒，杀灭潜存的病原菌和害虫。

菌袋堆垛方式，有室内架层叠袋，或网架卧袋摆叠；也可野外搭盖罩膜遮阴发菌棚。采取网格培养架摆叠的，即一袋一格卧式置于框格内平地摆放重叠的,即菌袋一个挨一个摆放,或平地顺码堆垛,一层一层重叠。堆叠时袋口方向可与门窗方向一致,袋口朝外。温度高时摆放 4 层,气温低时摆放 6 层,堆垛与堆垛之间留 40～60 厘米的人行道。堆垛的方向要顺光,一般坐北向南的日光温室,堆垛按南北走向,即垂直于北墙。在堆垛时向上一层两端各少摆一个菌袋,使堆垛的两端呈现下长上短的斜形。采用上述集约化堆垛养菌,1 个罩膜荫棚(宽 5.5 米,长 32 米,高 2.6 米),1 次可摆叠菌袋 2.5 万个,见图 4-6。

图 4-6　塑料菇棚内叠袋养菌

(五)培养温度控制

秀珍菇菌丝生长的温度范围在 8℃～30℃,均匀,但以 23℃～25℃菌丝生长旺盛,低于 8℃生长缓慢,高于 28℃生长速度均下降。在菌袋培养期间的温度控制,应掌握好以下 4 个方面。

1. 协调三温　发菌期间密切注意气温、菌温和堆温三种温度的变化。在高温季节,要避免极端高温危害,低温季节要利用 3 种温度效应,提高室温,促进发菌。气温是指室内外的自然温度,堆温是指堆袋间的温度,菌温是指培养料内菌丝体生命力活动所产生的温度。发菌过程由于菌丝不断增殖,新陈代谢渐旺,菌温亦随之升高，叠放越高，堆温越高，数量越多，通风程度越差，其堆温越高。同时，气温越高，堆温也随之升高。一般堆温比室温高 2℃～3℃。当菌丝生长旺盛，此时解开袋口带，充足供氧时，菌温会比堆温高 2℃～3℃。当菌丝长满袋的一半时，出现第一个升温高峰，此时菌温会比室温高 4℃～6℃。当菌丝长满袋后 10～15 天，出现第二次菌温峰值。因此，管理中必须时刻关注 3 个温度的相互关系。在高温季节，疏散堆距，改变堆形，减少层次，加强通风换气，降低室温，预防烧菌，保证菌丝安全度过高温期。在低温季节，可利用菌温和堆温，并用薄膜覆盖保温，促进菌丝生长。秀珍菇发菌培养的温度应按照不同的生长阶段，区别掌握。

2. 萌发期抢温发菌　秀珍菇接种后，菌丝萌发比其他品种都慢。接种后 1～5 天，因料温低，可以提高 2℃，即 25℃～27℃抢温发菌，促使原接入的菌种块菌丝萌发。当看到菌毛延伸长就爬上培养料向四周辐射生长时，室温应调至 23℃～25℃，15 天左右菌温开始上升，此时室内温度宜掌握在 21℃～23℃，这样能使袋温处于菌丝生长的最佳温度。如果冬季或早春气温低，可用薄膜加盖菌袋，使堆温提高，来满足菌丝萌发的需求。

3. 生长旺盛期防高温　接种后 16～35 天，菌丝长满袋面，朝向四周生长，呼吸增强，以纵向生长为主，分枝少，色浓白呈线状。当菌丝生长超过菌袋一半时，呼吸加强，代谢活跃，自身产生热量，料温和二氧化碳浓度出现第一次高峰。如管理跟不上，易出现烧菌。必须加强通风换气和降温管理，室内温度应控制在 23℃～25℃，早、晚通风各 1 次，并适当延长通风时间。

4. 成熟期控温疏袋　一般接种后 40 天，菌丝生长旺盛，很快走到袋底，色白浓密，布满袋面，呼吸强度极强。此阶段温度宜在 22℃～24℃。如果室温达 28℃时，菌温就会超过 30℃，堆温也就随之升高 2℃～3℃，容易导致菌丝发黄变红，受到严重损伤，甚至发生“烧菌”，菌袋变软，培养料发臭。因此，必须注意疏袋散热，以控制堆温,降低菌温。

(六)培养期间防潮通风

菌袋培养阶段,菌丝在袋内生长所需的水分,不需由外界供给,而是依靠基内现有的水分,为此要求场地干燥,空气相对湿度在70%以下为好。如果场地潮湿,空气湿度高,会引起杂菌滋生加快繁殖,带来菌袋污染。因此,培养室宜干不宜湿,要防止雨水淋浇和场地积水潮湿。如果湿度过大时,可在地面和菌袋上撒石灰粉除湿。特别强调在菌袋培育期间,不论何种情况都不可喷水。菌袋培养阶段每天至少通风1次,每次20～30分钟,气温高时早、晚通风,始终保持室内空气新鲜。

(七)避免阳光照射

培养室需要经常开窗通风更新空气,如果通风不良,室内二氧化碳沉积过多,会伤害菌丝体的正常呼吸;同时,也给杂菌发生提供条件。尤其是秋季时有高温,如果不及时通风,会使室内菌温上升,对菌丝生长发育不利。菌袋培养宜暗忌光,在黑暗的防空洞、地下室均可。如果光线强,菌袋内壁形成雾状,并挂满水珠,表明基内水分蒸发,会使菌丝生长迟缓,后期菌筒出现脱水;而且菌袋受强光刺激,原基早现,菌丝老化,影响产量。因此,菌袋培育期间门窗应挂窗纱或草帘遮光。

(八)及时翻堆检查

菌袋培养期间要翻堆4～5次,第一次在接种后6～7天,以后每隔7～10天翻堆1次。翻堆时做到上下、里外、侧向等相互对调。翻堆时要轻拿轻放,尤其是第一次翻袋时,要注意保护好接种口封盖物。因刚接种不久,菌丝尚未全面恢复,抗杂菌能力差,而接种穴的四周又容易被杂菌侵袭,所以接种穴上的封口物不要随便打开，以防杂菌侵入。

翻袋时认真检查杂菌，及时处理。常见在菌袋料面和接种口上，分别有花斑、丝条、点粒、块状等物；其颜色有红、绿、黄、黑不同，这些都属于杂菌污染。也有的菌种不萌发，枯萎、死菌等。通过检查分类进行处理。

（九）菌袋培养管理技术程控

秀珍菇菌袋从接种日起培养至生理成熟，一般需 50 天左右。但由于接种方式不同，培养温度差异，菌丝长速也有别。采用打穴洞接种的菌袋，透气性好，在适温条件下培养 30～35 天菌丝就走满袋；而袋口接种扎头的菌袋，透气性差，在同样温度条件下，需要 40 多天菌丝才满袋。菌丝满袋后还需进行 7～10 天后熟培养。为了便于菇农掌握菌袋培养管理日程技术控制，特列表供参考，见表 4-7。

表 4-7　秀珍菇设施栽培菌袋培养管理技术程控表

接种后天数	菌丝生长状况	主要作业内容	生态控制			
			温度（℃）	湿度（%）	通风（次/分）	光照
1～5	4 天后菌种块四周萌发菌丝	区别袋情，分类堆垛。观察长势，调控适温	25～27	70	1/20	避光
6～10	定植伸展料面，菌圈直径 2～3 厘米	观察吃料，测定堆温，菌温，进行第一次翻堆检查	24～26	70	1/20	避光

续表 4-7

接种后天数	菌丝生长状况	主要作业内容	生态控制			
			温度（℃）	湿度（%）	通风（次/分）	光照
11～20	蔓延四周，覆盖料面，色泽浓白，健壮	调整堆垛，结合第二次翻堆检查，淘汰污染袋	23～25	70	早晚各 1/20	避光
21～30	伸入袋料中 2/3，走势雄壮，色泽浓白	观察菌温，堆温，防止超温，调整堆垛，堆检查	23～25	70	早晚各 1/30	避光
31～40	长满袋内，走势雄壮，色泽浓白	调整堆垛，均衡袋温和触氧，观察长势	23～24	70	早晚各 1/30	避光
41～50	长势茁壮，交织紧密，基质坚硬	观察长势，区别袋况，进入后熟培养	23～25	70	早晚各 1/30	散射光 200 勒

注：以上菌袋生长状况，是以框定的最适温度条件下培养。如果气温超过框定温区，会使菌丝生长发育的时间提前或拖长。温度超过 1℃～2℃，虽然满袋的时间会提前，但菌丝积累营养不足，会影响产菇量。

（十）菌袋生理成熟标准

经室内培养生理成熟后，搬离养菌室，进入育菇房棚内长菇。秀珍菇菌丝生理成熟程度，各品种之间略有差别。主要从积温、菌龄、形态、色泽、基质 5 个方面进行综合观察判断。

1. 积温　品种温型不同，积温有别。秀珍菇中温型菌株要求有效积温 1 100℃～1 200℃。有效积温＝（发育期日平均温度－

5℃)×生长发育天数。

2. 菌龄　菌龄指的是菌袋从接种日算起，经过发菌培养，到离开培养室之前的天数为菌龄。这个时间参数，受培养期间内温度和管理条件，以及菌株温型不同的影响而有差异。一般而言，秀珍菇的菌龄为50天左右。

3. 形态　菌袋内菌丝满袋交积，袋壁菌丝有不平状态。这表明菌丝已分解和吸收积累了丰富的养分，是生理成熟趋向生殖生长阶段的一个特征。

4. 色泽　菌袋内布满浓白菌丝，长势均匀旺盛，气生菌丝呈棉绒状。接种局部出现黄色斑点，这就是生理成熟，新陈代谢引起转色，是进入生殖生长的信号。

5. 基质　判断菌丝是否生理成熟时，用手抓菌袋呈弹性感，表明已成熟；如果基质仍有硬感，说明菌丝还处于伸长时期，尚未转向，要等待其成熟。

上述5个标准中，积温和菌龄是参数，后三者都需齐备，缺一不可，这是判断菌丝是否达到生理成熟的依据。

(十一)养菌期菌丝异常状态与防控措施

养菌期间由于种种原因，常会发生菌丝生长异常状态，如不及时发现，采取相应措施挽救，必然导致以后出菇一系列问题发生。养菌期常见菌丝异常有以下表现：

1. 菌种块不萌发　接种后菌种不萌发，菌丝发黄、枯萎。

发生原因：菌种存放时间过长，导致老化，生命力弱；接种时菌种块受到酒精灯火焰或接种工具的灼伤；接种和培养环境的温度超过30℃以上，菌种受到高温伤害。

预防方法：使用菌丝活力旺盛的适龄菌种；接种时防止烫伤菌丝；高温天气应安排在早晨或夜间接种。

2. 菌丝发黄萎缩　在正常环境下发菌，接种后菌块菌丝萌发良好，色泽浓白。但在接种10天后，菌丝逐渐发黄、稀疏、萎缩，不能继续往料内生长。

发生原因：培养室内温度过高，通风不良，袋与袋间排放过紧，影响空气流通，使料温往外散发困难，菌丝受到高温伤害；料过湿且压得太实，菌丝缺氧；灭菌不彻底，造成料内嗜热性细菌大量繁殖，争夺营养，抑制了菌丝生长；养菌室内二氧化碳浓度过高。

预防方法：培养室的温度调控不超过25℃。袋与袋之间要略有间距，以便于料温发散，在高温天气要做好降温工作；掌握好料水比例，料装袋时做到松紧合适。如培养料过湿，可将袋移至强通风处培养；培养料常压灭菌时，根据培养料数量的多少，保持100℃的时间不少于16小时，以预防细菌污染。

3. 菌丝生长缓慢 发菌后期菌丝生长变缓，迟迟不满袋。

发生原因：袋内不透气，菌丝缺氧，多见于两头扎口封闭式发菌培养；培养室温度偏低。

预防方法：采用封闭式发菌培养时，当菌丝长入料3～5厘米后，可将袋两头的扎绳解开，松动袋口，透入空气，或采用刺孔通气补氧；保持适温培养。

4. 菌丝未满便出菇 袋内菌丝体弱，弹性感较差，早产出现。

发生原因：栽培季节偏晚，菌丝培养温度过低。

预防方法：适时栽培，低温栽培时，要增加菌丝培养温度，使温度保持在18℃以上。

（十二）菌袋污染原因与处理方法

菌袋培养过程常出现成品率低。虽然有诸多方面的因素，但更主要的是操作技术失误造成。

1. 基质酸败 常因原料的木屑、麦麸结团，霉烂、变质，质量差，营养成分低；有的因配料含水分量过高，拌料、装袋时间拖长，为附着在料中的细、霉菌等孳生创造条件，因而引起料袋发酵酸败。

2. 料袋破漏　有的因木屑中混杂有粗条，装袋时刺破料袋；有的因袋头扎口不牢而漏气；有的灭菌卸袋检查不严，袋头扎线松脱未扎，气压膨胀破袋没贴封，而引起杂菌侵染。

3. 灭菌不彻底　料袋进灶排叠过密，互相挤压，缝隙不通，蒸汽无法上下循环流动，导致料袋受热不均匀和死角；有的中途停火，掺冷水，突然降温；有的灭菌时间没达标就卸袋等，都造成灭菌不彻底。

4. 菌种不纯　菌种菌龄过长，表面菌膜变褐，料与瓶壁明显脱离，菌种老化，接种前菌种又没做预处理。菌种老化抗逆力弱，萌发率低，接种口容易被侵杂菌染；有的菌种本身带有杂菌，接种入袋内后，杂菌迅速萌发危害。

5. 接种把关不严　常因接种室密封性不好，加之药物掺杂使假，有的失效，造成消毒不彻底；有的接种人员身手没消毒，杂菌带进无菌室内；接种后没有清场，又没开窗通风换气，造成“病从口入”。

6. 养菌环境不良　培养场所不卫生，四周靠近厕所、畜禽舍和食品酿造的微生物发酵工厂；有的养菌场所简陋，空气不对流，二氧化碳浓度高；有的因培养场地潮湿或受雨水淋浇；有的翻堆检查时检出的污染袋没妥善处理，造成环境污染。

7. 管理环节失控　菌袋培育期间气温较高，菌丝体自身代谢引起菌温上升，加上叠堆过紧，袋温增高，上述“三温”没妥善处理，造成高温，致使菌丝受到损害，出现菌丝变黄、变红，严重的解体松软、发臭报废；有的因光线过强，袋内水分蒸发，袋料含水量下降。

8. 检杂处理不彻底　翻堆检查菌袋过程工作马虎，虽已发现有杂菌斑点侵染或有怀疑或菌袋被虫鼠咬破，不做及时处理，以致蔓延。特别是接种穴口被杂菌侵染和鼠咬的伤口，很快互相传播，导致成批污染。

九、设施栽培出菇管理园艺

（一）秀珍菇设施栽培出菇园艺线路

秀珍菇设施栽培出菇园艺线路，如图4-7。

（二）产前菌袋体检分类处理

为使上架的菌袋达到规定标准，进棚前必须进行菌袋体检，并分类处理。

1. 最佳菌袋 菌丝长势好，色泽浓白，褐色斑点正常，基质手感硬，袋面不出现拮抗线，无杂菌出现。此类菌袋集中摆放在一起，进行第一批催蕾出菇管理。

2. 良好菌袋 菌丝虽已长满袋，浓白度没达标，色泽较差，基质手感松散，属二类菌袋。主要营养积累不足，列入继续在适温下培养一段，等达到一类水平后，再行催蕾出菇管理。

3. 好中有缺 菌丝已长满袋，色浓白，但袋内菌丝有抑制拮抗线或被控制杂菌的伤疤。基质会正常出菇，但产量与品质受一定影响。列为三类菌袋，摆在一起进行催蕾出菇管理。

4. 污染菌袋 发菌期被杂菌污染，虽经控制处理，但仍有少量受污染的部位菌丝仍正常，还会长菇。此为四类菌袋，集中单独处理。也可将污染的部分挖掉，擦上10%石灰水后，采取畦床埋筒覆土长菇方式处理。

（三）设施栽培出菇叠袋方式

1. 架层集约化叠袋 菇棚内搭好排袋架，由两根口径4～5厘米、长4.5米竹子扎在立柱的两侧。架脚离地面18～24厘米，使棚内地面通风流畅，有利各菌墙之间形成自然对流。排袋架要

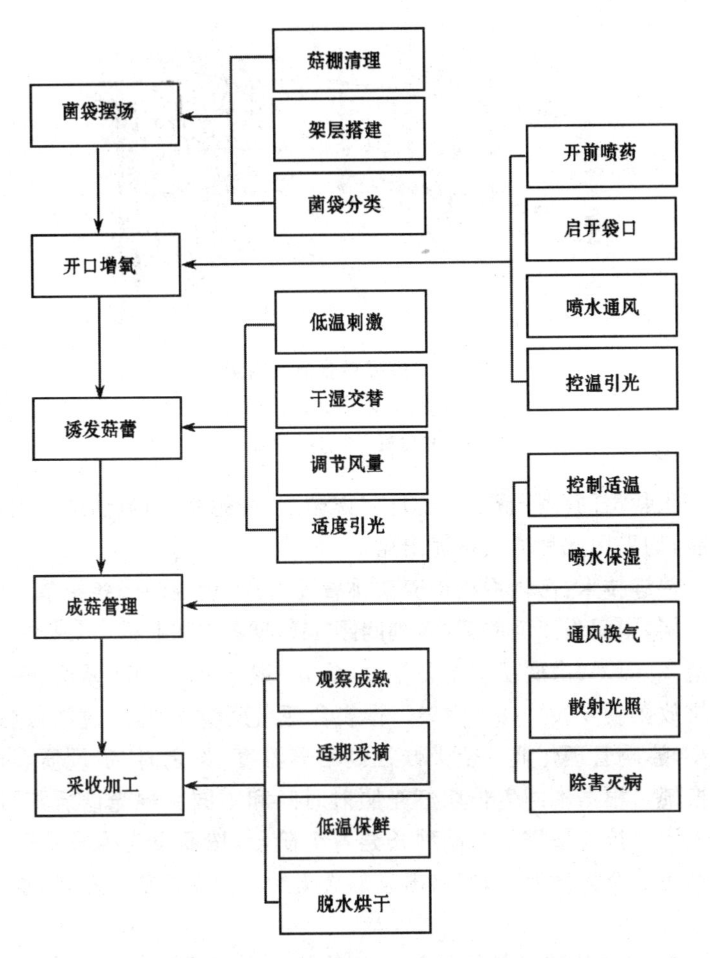

图 4-7　秀珍菇设施栽培出菇管理园艺线路

扎实，能受重叠菌袋的压力。架脚垫好砖块作为支撑物。叠袋时采取上、下层袋底凹凸交错重叠，有利开口出菇，整个菌墙排叠 15 袋层高。一房一次产菇约 1 吨，卧袋重叠菌墙，如图 4-8。

2. 网格培养架摆袋　网格培养架摆袋是现代食用菌全天然

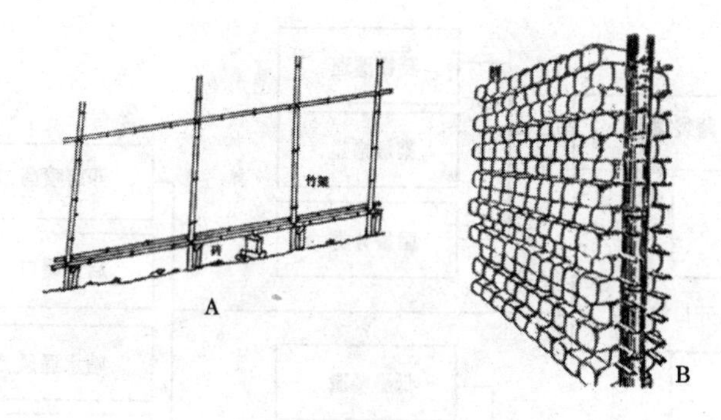

图 4-8　卧袋重叠菌墙图示

引自黄毅《现代食用菌栽培理论与实践》

A. 排袋架　B. 叠后菌墙

工厂化栽培的一种新方式。目前秀珍菇、杏鲍菇、白灵菇这三大宗产品，均采用此种方式培养出菇。

关键技术：房内网格培养架排置要合理，房内两旁各排单面网格 1 架，中间为双面并列，各列间距 110 厘米为作业道。每架底层离地 20 厘米，由底层向上叠筐 20 袋，一般 50～70 米^2 菇房，一次可排放菌袋 6 000～8 000 袋。排袋合理出菇整齐，排袋过密，过道太小，影响管理作业。全天候控制培养温度，设定时、定量喷雾通风换气。根据不同生长期灯光照射时间和不同品种光谱所需，进行人为调控。根据每个品种长菇各个阶段，按照设定生长管理程序控表。全天候控制，筐格出菇形成集约化菌墙层面长菇，增加空间效益。

3. 周转筐装袋架层摆放　此种栽培方式是采用塑料周转筐内排放菌袋，每筐 12 罐，然后逐筐摆于多层培养架上，形成筐架结合的一种培养出菇方式。每筐竖摆 12 袋，上架培养出菇，其优点定位稳定，子实体向上生长，菇体形态端正。

关键技术：培养料装袋采用机械化操作，因此生产线设备要求精度强，误差小，每个环节设定技术参数运行。管理园艺关键掌握好长菇各个时期控制最佳温度和空气湿度、灯光照射，以及定时定量通风增氧，严格把握各个环节直至产品采收。

4. 平地垒叠菌墙　此种方式较为简单，在我国北方广泛应用于秀珍菇，属于袋装熟料栽培。其菌袋室内培养生理成熟后，搬进大棚内，采取平地重叠菌袋 8～10 层，长度视棚内场地而定。

关键技术：菌墙叠放方式和出菇定向。叠墙方向沿大棚长度直向中间设定 2 米，沿直向两旁按每距 1.5 米设作业道。叠袋时两个菌袋底部对接，重叠摆放成一列菌墙。各个菌墙形成“非”字形的双向出菇菌墙。每 667 米^2 大棚内，可叠放菌袋 3 万～4 万袋。

5. 架层竖袋摆放　此种方式广泛应用于规模化生产秀珍菇，卧袋或竖袋排架出菇。其培养架层距 40～50 厘米，设 5～6 层，同上规格的菇房，每米^2 床面排放 90～100 袋。

关键技术：培养料灭菌彻底，接种无菌操作，防止病从口入；室内养菌成熟适时进房，竖袋摆放，开口出菇。

（四）菌袋低温刺激催蕾技术

秀珍菇菌袋生理成熟后，需要低温刺激，诱发原基分化菇蕾。

1. 适时开袋低温刺激　菌丝满袋后，经 10 天后熟培养，当同批次 70%～80%的菌袋吐黄水时，便可开袋入库低温刺激。低温冷库（最低温度 4℃），冷库的容积必须与每批次低温刺激的菌袋数量相配套。例如，15 万袋规模的菇场，按转潮时间 15 天计算，每天工作量为 1 万袋，配套的冷库占地面积约 40 米^2。原基的分化需要 10℃～15℃的温差刺激，刺激后出菇集中整齐。

操作方法：低温刺激前 1 天，用锋利刀片将菌袋封口处的塑料袋以略长于菌袋 2 厘米的规格环割去除，第二天装筐入库，装筐时菌袋最好平放，每筐上方留有 3～5 厘米空隙。筐的规格按菌袋规格定制，筐入库可并排叠放，行间距 2 厘米左右；高度接近于库内风机下方20厘米处,以利空气流动。

刺激时限:菌袋入库后即打开制冷机降温,至4℃后关机,保持12～14小时低温刺激。然后出库上架排袋;第二批菌袋紧接入库低温刺激,每批次依序操作。

回排菌袋:经冷刺激后菌袋,回原排袋时,菌袋每层均用两根竹片间隔,上、下层反向开口,避免出菇过于密集而影响产、质量。

2. 原基分化管理 菌袋排叠成墙后,用薄膜覆盖栽培小区,密闭覆盖2～3天,控制空气相对湿度85%～95%、温度20℃～23℃。每天根据环境温度,将垂地的薄膜掀高30厘米,通风透气30分钟,增加区内二氧化碳浓度,诱异原基分化形成。待原基伸展至2厘米长左右,薄膜掀高1米适当通风,注意避免风向直吹菇面,控制温度平稳,空气相对湿度80%～90%。此时的子实体生长迅速,一天内菌盖可长至2厘米宽,停止喷水,然后将薄膜掀高至菌墙顶,加大换气量。

(五)出菇管理关键技术

根据栽培不同方式,区别摆袋出菇:"一区制"的,菌袋直接在培养室内出菇;"两区制"的,将菌袋搬到育菇房棚内出菇。出菇时排叠较密集的菌袋通常要重新排放。菌袋叠墙后,两排菌袋间过道55厘米左右。菌袋原来排叠于床架上的可直接出菇,无须重排。当菌丝长满菌袋,且袋内有淡黄色露珠时,表明子实体即将形成,此时要从温度、湿度、光照、氧气等方面进行管理。

1. 控制适宜温度 秀珍菇属中温型菌类,8℃～23℃子实体均可形成,原基形成时,温度控制在13℃～22℃范围,子实体发育生长,最适宜温度控制在15℃～20℃。在适宜温度范围内,温度偏低些,子实体生长较慢,但菌盖肥厚,肉质细嫩;温度偏高,子实体生长快、菌盖薄、纤维较多,品质稍差。

2. 增加空气湿度 子实体形成和生长时,空气相对湿度以

85%～95%为宜。除低温及温差刺激外，还要向菌袋喷水，使袋口菌丝处于适湿环境。根据空气相对湿度情况喷水，一般每天喷3次左右，以喷雾形式加湿。在雨天及空气湿度较高时少喷或不喷。子实体形成和生长过程中，空气相对湿度低于80%，子实体难于形成，幼菇容易干枯。最好采用时控开关，定时定量自动加湿，可减少劳动量，同时提高产品的产量和质量。

3. 限制光照强度　子实体形成和生长过程中，需要一定的散射光，但不能有阳光直射。黑暗的环境或光线太弱时，子实体难于形成，即使形成生长及产品质量也会受到影响。菇棚内光照强度掌握500～800勒，通常以能看清报纸上文字的光线即可。

4. 适时通风换气　子实体形成和生长过程中，必须保证适当通风，有足够的新鲜空气。氧气不足会形成长柄菇或无菌盖畸形菇。适当开门窗通风，可满足氧气的需求。利用防空洞或地下室栽培的，通过人为增加通风量来增加氧气。

5. 采后转潮管理　一般情况下，菌盖直径3厘米左右即可采收。采完一潮菇后，清理袋口，去除菇根和死去的幼菇；停止喷水，保持空气相对湿度70%～80%，可防止杂菌发生。如果空气干燥，每天可用喷雾器适当喷雾化水。7天左右后，给予一定的温差刺激，并通过喷雾或加湿器使空气相对湿度达到90%～95%。待菇蕾形成后，管理措施与第一潮菇相同，同样方法进行第三、第四、第五潮菇的管理。

每两潮菇间距的时间长短与品种特性、气候环境、管理措施密切相关。若管理得当，可收更多潮菇。春季开袋出菇时温度逐渐升高，此时应注意保护好出菇面的菌皮，以防菌皮被剔除后感染绿霉或黄曲霉。秋季开袋出菇时温度较低，第一潮菇后应将菌皮削薄，否则菌皮易干硬，妨碍下潮原基的分化。切忌在3潮后进行注射补水，否则容易引发严重的绿霉感染。

(六)促进成批同步出菇措施

秀珍菇现代化室内控温栽培，当原基形成芽状时，将菌袋置于低温培养室内，让菌袋由养菌期25℃，逐步降至4℃～9℃，或温差10℃～25℃时，进行12～20小时的低温刺激，迫使已发生的原基萎缩。然后再搬到出菇房内，并把温度调到适于原基发生的12℃～20℃。这种低温刺激，目的是强行抑制已发生不规则的原基萎缩倒伏；然后调至出菇最适温度培养，使出菇整齐同步而成批长出。这是工厂化控温栽培中的一个特殊技术措施。操作时掌握以下3点。

1. 降温时间 菌袋进入长菇期，正常袋温均有23℃左右。要从23℃降至6℃～9℃，这不是一下子可达标，因此需要一定时间，通常需18～24小时，才能降到要求指数。

2. 刺激时限 冷刺激的时限有灵活性。当菌袋内菌温降至6℃时，保持14～18小时即可；如果只有9℃，则需20小时。如果降至0℃～4℃时，保持8～10小时即可。低温刺激时间不足，影响出菇率；反之，低温刺激时间过长，菌丝受到挫伤，也必然带来菌丝恢复缓慢，出菇也拖迟。所以，这个时限要严格掌握。

3. 升温管理 菌袋低温刺激后，应及时搬进菇房内上架摆放，并把温度调至23℃～25℃，这样使其形成“马鞍形”(适温→低温→适温)这个历程，更好地促进秀珍菇子实体成批同步整齐出菇，达到稳产高效的生产目的。

(七)出菇管理技术日程控制

福建闽侯丰珍食用菌有限公司在雪峰山区建立设施栽培秀珍菇40万袋生产基地，该基地廖承杰高级农技师总结5年来实践经验，制定了秀珍菇设施栽培出菇管理技术程控表，见表4-8。

表 4-8　秀珍菇设施栽培出菇管理技术程控表

作业要点	核心技术	进行时期与操作方法	达到目的
诱基	搔菌	尚未开袋的菌丝达到生理成熟后或经出菇后的菌袋菌丝体内的营养得到充分恢复后。用小刀刮去表面稍干的培养料，甚至可以直接刮至新鲜培养料	通过搔菌处理，被切断的菌丝形成愈伤组织，加快了养分积累的扭结，一般在搔菌后 7 天左右，即能形成大量原基
催蕾	干湿刺激	加大通风量和延长通风时间，菇房空气相对湿度控制在 70%～80%，使菌袋表面培养料保持干燥。在进库冷刺激前，3 天，向菌袋料面喷重水或向袋内灌水	使菌丝处于干湿交替的生长环境，以加快原基分化
	低温刺激	将菌袋搬进冷库中，给予低温刺激原基发生。生产中一般将冷刺激温度调节到 6℃～4℃，刺激时间 12～14 小时	10℃以上的温差刺激，有利于原基分化
	上架增湿	菌袋经冷库刺激后，搬进培养上架后，喷重水于菌袋料面上，保持湿度 95%，并盖膜保持 24 小时保湿	促进原基尽快形成
	光照刺激	菌丝进入生理成熟或转潮管理时，则要求提高光照强度，给予 600～800 勒光照度刺激	促进菇蕾正常形成

续表 4-8

作业要点	核心技术	进行时期与操作方法	达到目的
育菇	通风供氧	原基分化期的通气应循序渐进，原基分化之后，转入半封闭或开放式通风，供给足够的新鲜氧气	以利原基迅速进入菇蕾分化期
	提高环境湿度	原基是在高湿环境中发生的，进入开放管理后，应向空间、地面喷水，空气相对湿度掌握在90%左右为宜	以提高环境湿度
	综合调节	注意各因子之间的调节和互补。正确把握通风供氧、降温、保湿这三者之间关系，通风则应注意增湿	原基的良好发育尽可能控制，使之能处于菇蕾正常发育
	降温	掌握最适温度20℃～23℃，注意降温散热。菇房上每隔8米左右安装1个喷头，用井水喷雾，降低温度	防止高于30℃，避免小菇蕾会死亡
	遮阳	墙式栽培时，用遮阳网将菌墙四周包裹，待遮阳网上的水分干了，就及时喷水。当部分子实体从遮阳网上长出时，撤除遮阳网，进入开放式管理	遮阳网遮光进一步降低了小气候的温度，同时也提高了空气相对湿度，使子实体正常生长

续表 4-8

作业要点	核心技术	进行时期与操作方法	达到目的
采后管理	料面清理	采收后停止喷水，待菌袋表面干燥后清理表面老根，增加通风量，同时还要把光照降到 100 勒以下	使菌丝充分休息，储存养分，顺利转潮出菇
	养菌调湿	经过上述处理 10～15 天后，转入下潮管理。进库前 3 天，向袋面喷水，失水严重的菌袋，在进库前可直接灌水或浸水	袋内迅速吸水，以补充水分
	追肥增养	在喷水或灌水时，可结合施用无公害食用菌专用肥 800 倍的菇速素等营养液	增加营养，促进菌丝恢复

十、秀珍菇周年栽培出菇管理要点

秀珍菇不同菌株的出菇温度有所差别，当气温适宜出现原基时，就可以开袋进行出菇管理。自然气候栽培与设施化周年栽培管理有所不同，但总体要求是前期刺激原基大量分化，以实现群体增产；中期则是保护分化的原基能如数成熟，以提高成熟率；后期则为促进子实体敦实肥厚，以提高单朵重量和多产优质菇。

（一）出菇科管总体方向

周年栽培要根据气温变化情况，结合考虑设施利用率和供货的均衡性，采取相应措施使外界环境最适合秀珍菇原基及子实体生长发育，出菇管理一般根据气温的高低采取相应的措施。当气温处于10℃～15℃时，可以按常规栽培模式让其自然出菇。气温高于15℃时，要通过低温冷刺激，人为地拉大温差，促使秀珍菇原基的形成，以增加出菇整齐度和提高产量。

（二）培育强壮的长菇母体

采用低温冷刺激诱导原基形成，一定要挑选菌丝生长强壮的菌袋，因为菌丝生长弱的菌袋通过冷刺激后，菌袋很快就会烂掉。因此，在菌丝培养阶段，一定要创造良好的培养条件，确保菌丝生长强壮，为子实体生长发育打好基础。第一潮菇必须将生理成熟菌袋一端的塑料袋沿颈围割去，第二潮以后的菇就必须视菌袋含水率进行补水。

（三）低温刺激限度

菌袋移入冷库里进行冷处理时，冷库里温度达到0℃，菌袋中间温度达到5℃时即可出库。冷处理时间一般需要20小时左右，但主要是以菌袋中间温度是否达到5℃为指标。冷处理这一措施十分重要，特别是在夏季，日气温大大超过出菇温度，按常温是不会出菇或出菇不多的，但经过冷处理就会再次出菇，达到高产与周年出菇的目的。

（四）叠袋诱蕾

冷处理出库的菌袋，搬回菇棚按墙式进行叠放，菌袋上下层袋口要反向排放。通过冷处理后菌袋最好在半天内排放完毕，中午就将菇棚周围塑料布全部放下，关闭天窗进行密闭，使菇棚内温度升高，但不要超过35℃。密闭3小时后打开塑料布和天窗进行通风；同时还要采取喷水方式降温，使菇棚内温度降到25℃，不能超过30℃，喷水要微喷。经过3～4天培养，菇蕾即可成批大量形成。

（五）出菇管理“四要素”协调

菇蕾形成期间，应做到温度、湿度、通风、光线4个要素的协调管理。

1. 控制适温　当菇棚温度低于12℃时，要做好保温保湿工作，切勿让干燥的冷风直接吹至菇墙上，以免造成子实体枯萎。当菇棚温度高于30℃时，要做好降温通风工作。

2. 保持适湿　菇棚空气相对湿度应保持在90%左右，不低于85%，亦不能长时间保持高湿状态。可采取地面浇水、空间喷雾等措施降温，但避免向袋口喷水，有条件的栽培场，可用超声波弥雾器进行散喷、细喷。秀珍菇外观的颜色与菇棚内湿度有密切关系。如果菇棚内空气相对湿度能够满足其生长，菇盖颜色为鼠灰色；如果菇棚内湿度低，菇盖颜色偏白。

3. 通风增氧　秀珍菇子实体生长需要大量氧气，但不能让风直接吹向子实体，也不能不通风或少通风，否则将很容易造成死菇。因此，要根据气候情况和子实体大小给予适当的通风换气。不同天气要有不同的管理方法，夏天要以通风为主，先喷水后通风；冬天要以保湿为主，先通风后喷水。外面风大时，菇棚内通风时间应短些；外面风小时，菇棚内通风时间就应长一点，但都不要让风直吹菇上。晴天、菇量少、子实体小时，要减少通风量和通风次数；下雨天、菇量多。子实体大时，要增加通风量与通风次数。总的原则是要保持菇棚内有足够的新鲜空气。

4. 散射光照　菇棚内要有少量自然散射光即可，要避免阳光直射。在冬季应适当增加光照度，使菇盖不致转为暗灰色、菇体较为厚实。

（六）转潮管理措施

出菇过程中，尤其是第一、第二潮菇中，经常出现一些死菇现象，主要的防范措施：一是要有足够的菌丝培养时间；二是高温季节应喷水后再通风，低温季节应通风后再喷水；三是出菇阶段碰到气温突然高时，应加大通风，不可喷水；四是冬季加强保温，防止北风直吹菇体；五是菇小时只能喷空间雾化水，不可将水喷在子实体上。

每潮菇采收后应及时清理菇头，清场后停水通风 2 天，然后进行正常管理。第四潮菇以后可从菌袋底部开袋出菇，以增加出菇面积，提高单产。

当气温低于 10℃时，可采取倒温差处理方法，即白天加温，晚上自然培养，从而拉大昼夜温差的刺激，促使原基形成，然后再保温培养促使子实体正常发育。具体的做法是：夜间打开菇棚门窗让菌袋处于低温培养，翌日白天将菇棚密闭进行人工升温，增温至 20℃即可，这样连续刺激几天，秀珍菇原基便能较为整齐地长出来。当原基形成之后，菇棚内温差不宜过大，否则原基很容易枯萎。因此，见到原基后，要尽可能保持菇房温度的稳定。

十一、设施栽培出菇期常见疑难杂症及防控措施

（一）迟迟不出菇

1. 症状表现 菌丝生长正常，生理成熟，经低温刺激上架排袋后，袋口始终不现菇蕾，有的菌袋虽能长菇，但出菇不整齐。

2. 主要原因 品种选择不当、栽培季节和环境条件（水、温度、湿度、通风等条件）不适宜、培养料配方不理想；菌袋前期污染、温差刺激不够均会造成以上结果。

3. 预防措施 根据市场需要，引用适宜的健壮的品种。一般要选可适宜冷库处理出菇、单生菇多、转潮快及品质好的品种为

佳。秀珍菇制袋可安排在2～3月份或9～10月份为佳;设施条件完善的,如菇房有温控条件,栽培场所有冷库等设施,则可周年生产。选用适宜的配方控制适宜的栽培条件。

(二)二潮菇少

1. 症状表现　头潮菇出菇密集,二潮菇出菇量稀少,且体态不如头潮菇好,之后各潮菇均稀少,影响整个产量。

2. 主要原因　培养基含水量不足,制袋时袋内含水仅有50%,有的因为发菌期间气温超高,或养菌室光照直射等,引起袋内水分散失,基质含水量不足,头潮菇基本可满足,而二潮菇出现失水,菇少,且逐潮稀少。

3. 预防措施　配料加水量不低于60%,养菌期防高温,防光照射,加强通风,保证菌体出菇前含水量不低于50%,避免菌体基质受高温和光照刺激而伤体。高潮菇产后,应及时补充水分。

(三)畸形菇

1. 症状表现　瘤盖菇、粗柄菇、高脚菇等。瘤盖菇症状是菇体发育过程中出现瘤状,严重时菇体呈水浸状,停止生长。在子实体刚刚形成或菇体较小时,容易发生瘤盖菇。

2. 主要原因　引种不对号,出菇生态环境不适,空间温度太低,且低温时间长。

3. 预防措施　了解菌种对温度要求,选用耐低温的菌株是减少瘤盖菇发生的关键,也可通过提高温度减少此种现象发生。其他畸形菇大多数与通风不良、二氧化碳浓度过高或光线不足有关,主要发生在人防工事栽培、地下室或为了保温导致通风不良等原因引起。通过加强通风换气和增加光照,可避免畸形菇的发生。用药过量也会引起畸形菇的发生。

（四）萎蕾烂菇

1. 症状表现　现蕾后久久不发育，且逐渐变萎黄，直至枯死。

2. 主要原因　常因菇棚内温度过高、通风不良或受害虫、杂菌侵入引起。有时也可能是喷药过量或装过农药的容器未洗干净，就装水喷菇引起的。烂菇通常是温度高的同时，空气相对湿度过大或采菇太迟。

3. 预防措施　分析死枯的原因，采取相应措施。如温度过高时，可通过加强通风换气和屋顶或菇棚顶部喷淋水来降温，喷雾淋水的容器要确保无农药残留。

第五章　秀珍菇设施栽培常见病虫害防控技术

一、综合防控措施

（一）生态防治

生态防治要求优化环境，杜绝污染源，这是病虫害防治工作的基础。具体做好以下几方面。

1. 选好场地　栽菇房棚要求建立在土壤干燥，依山傍水，空气流畅，四周空阔，较大范围内无害虫，空间无大气污染的地域；要远离禽畜饲养场、垃圾场、酿造工厂、生活区及医院等，从生产场地上杜绝病原菌危害。

2. 水质清净　水源最好地下水，溪河水或自来水，水质清净无污染；野外菇棚内要求四周开沟，雨后不积水；出菇喷水禁用有污积的池塘水、田水、沟水。

3. 房棚优化　秀珍菇室内栽培房，要有良好的通风排湿、保温、控温设备和适宜光照。门窗安装尼龙纱网。水泥地面磨光，墙壁四周刷白灰。如果利用防空洞、地道、山洞作栽培场所时，出入口处要有一段距离保持黑暗，房内安装黑光灯。野外栽培棚四周盖好防雨膜，外披茅草遮阴，棚内同样安装黑光灯。

4. 合理轮作　秀珍菇野外栽培棚的场地，采取合理轮换生产不同品种，对防治病虫害也有好处。因为长期栽培一个品种，其病虫害繁殖指数和抗逆能力也随着上升和增强。如果间隔 1～3 年后，再轮换回来，在这间隔期间由于品种的变换，对专害性病虫感到不适应，侵害也就随之减少。

（二）生物防治

生物防治包括采取植物性药物和培养动物性天敌来治虫，以及菇身强壮克制病虫害。

1. 植物药剂 利用有些植物本身含有杀菌驱虫的药物成分，作为防治病虫害的药剂。如除虫菊，是绿色植物农药的理想原料，主要含有除虫菊和灰菊素，花、茎、叶可制除虫菊酯类农药，是合成溴氰菊酯，氰戊菊酯的重要原料。可将除虫菊加水煮成药液，用于喷洒菇房环境，杀灭杂菌虫害；还可将除虫菊熬成浓液，涂黏于木板上，挂在灯光强的附近地方诱杀菇蝇、菇蚊，效果很好。此外，茶籽饼也是植物农药。茶籽是油茶植物的果实，榨油后的茶籽饼气味芬芳有杀虫效果，将其磨成粉撒在纱布上，螨虫就会聚集于纱布，然后把纱布放在浓石灰水里一浸，螨虫便被杀死，连续多次杀螨效果可达90%以上。此外，烟草、苦楝、臭椿、辣椒、大蒜、洋葱、草木灰等都可作为植物制剂农药，用于杀虫，成本低廉，又无公害。

2. 微生物杀虫剂 苏云金杆菌(BacilLus thuring iensis，简称 Bt)是一种天然存在昆虫病原细菌，可防治鳞翅目害虫、线虫和螨类等。在30℃左右时，杀虫死亡速度快，是理想的生物农药，对人、畜安全。苏云金芽孢杆菌的侵染方式是内毒素通过作用，使昆虫致死，还可由消化道入侵昆虫体腔中，通过大量繁殖而引起昆虫败血致死，对环境安全。

3. 壮菇抑虫 所谓壮菇抑虫就是从各方面创造条件育壮秀珍菇菌体，以强制胜，抑制病虫害。它包括两方面，一方面在生产过程从原料选择，培养料配比，堆制发酵，要求不含病虫，不霉变；袋料高压高温灭菌要彻底，接种严格执行无菌操作，使培养料基质提高，病虫害减少，自身产生健康菇体；另一方面是选择有特异性气味的菇类进行交叉轮种。如竹荪，古代称萱草，有一股特别浓香气味，蕈蚊飞虫见味即飞，不敢接近。可在较大菇棚旁栽培竹荪几米² 面积，让其子实体散出气味，驱逐蚊虫；也可作为轮换品种，使菇棚内有自然防治虫害的基础条件。

（三）物理防治

利用各种物理因素，人工或器械杀灭病虫害的方法均系此范围。具体如下：

1. 特殊光线杀灭　采用紫外线灯杀菌。接种室，超净工作台，缓冲室内安装 30 瓦紫外线灯，每次照射 25～30 分钟，可有效地杀灭细菌、霉菌。采用黑光具有较强诱杀力。许多昆虫具有趋光性，可在菇房（棚）内安装黑光灯，可诱杀蝼蛄、叶蝉、菇蚊、菇蝇、菇蛾。

2. 臭氧气体杀菌　臭氧具有高效广谱消毒灭菌作用。它通过高压放电，把空气中的氧气转变成臭氧，再由风扇把臭氧吹散到空间消毒杀菌；或由气泵把臭氧注入混合水中成灭菌水剂，喷洒消毒灭菌，这是新一代消毒灭菌设备。

3. 设施隔离保护　秀珍菇栽培房的门窗安装尼龙窗纱网：防止窗外蛾、蚊、蝇及其他昆虫飞入危害。野外塑料大棚架层栽培，可用 30 目尼龙遮阳网遮盖，既可防虫，又可遮阴。

4. 人工直接捕杀　野外菇棚常出现蛴螬、蛞蝓、瓢虫等入侵，可直接捕捉。长菇期鼠害可采用捕鼠夹捕捉。

（四）控药防治

秀珍菇生产中采用农药防治，也是不可避免的事实。尤其是出菇期使用农药喷洒在子实体上，一部分被分解，一部分仍然残留在菇体上，人吃了就会引起中毒事件。因此，要认真执行国家农业部 2000 年发布的 NY/T 393—2000《绿色食品农药使用准则》。在使用农药时，必须慎之又慎，马虎不得。

1. 用药原则 利用农药治虫是一种应急措施。在确实需要用药时，首先应选用环保型农药和生物农药或生化制剂农药。如：8010、白僵菌、天霸等；其次选择特异性昆虫生长调节剂农药，如氟苯脲、氟啶脲、氟虫脲、除虫脲、灭幼脲等；再则选用高效、广谱、低毒、残留期短的药剂，如敌百虫、辛硫磷、福美双、百菌清、炔螨特、氟虫腈、甲基硫菌灵、甲霜灵等。用药时期，强调在未出菇或每批菇采收结束后进行；并注意少量、局部施用，防止扩大污染。严禁在长菇期间喷洒药剂。

2. 农药要求 所有使用的农药，都必须经过农业部农药检定所登记。严禁使用未取得登记和没有生产许可证的农药，以及无厂名、无药名、无说明书的伪劣农药。

3. 禁控农药 严格执行农业部 2002 年 5 月 24 日第 199 号公告明令禁止使用的 18 种农药：六六六、滴滴涕、毒杀芬、二溴氯丙烷、杀虫脒、二溴乙烷、除草醚、艾氏剂、狄氏剂、汞制剂、砷、铅类无机制剂、敌枯双、氟乙酰胺、甘氟、毒鼠强、氟乙酸钠、毒鼠硅，以及在蔬菜、果、茶叶、中药材上不得使用和限制使用的 19 种农药：甲胺磷、甲基对硫磷、对硫磷、久效磷、磷胺、甲拌磷、甲基异柳磷、特丁硫磷、甲基硫环磷、治螟磷、内吸磷、克百威、涕灭威、灭线磷、硫环磷、蝇毒磷、地虫硫磷、氯唑磷、苯线磷高毒农药，以及一切汞制剂农药及其他高毒、高残留等农药。

4. 用药方法 任何农药在使用时“四不得”：一是不得超出批准规定的使用范围。因此，首先熟悉病虫种类，了解农药性质，按照说明书规定掌握好使用范围，防治对象、用量、用药次数等事项。二是不得盲目提高使用浓度。做到用药准确、适量、正确复配，交替轮换用药。三是不得长期使用一种农药，使病虫产生抗性，同时要选用相应的喷药器械。四是长菇期不得使用任何农药，这是一个强制的禁令。

5. 注意安全 配药时人员要戴好胶皮手套，禁用手拌药；配药时远离水源、居民点的安全地方；要专人看管，防止丢失或人、畜、禽误食中毒。喷药注意个人防护，戴好防毒口罩；施药期间不得饮酒，禁止吸烟、喝水、吃其他东西，不得用手擦嘴、脸、眼睛。

二、常见杂菌防控措施

（一）木霉特征、危害与防治

木霉（*Trichoderma*SPP）又名绿霉。是秀珍菇生产过程中主要的竞争性杂菌。

1. 形态特征　木霉菌丝生长浓密，初期呈白色斑块，逐步产生浅绿色孢子。菌落中央为深绿色，向外逐渐变浅，边缘呈白色；后期变为深黄绿色、深绿色，会使培养基全部变成墨绿色。菌丝有隔膜，向上伸出直立的分生孢子梗，孢子梗再分成两个相对的侧枝，最后形成梗。小梗顶端有成簇的分生孢子。两种木霉形态见图 5-1。

图 5-1　木　霉

1. 绿色木霉　2. 康氏木霉

2. 发生与危害　木霉菌为竞争性杂菌，又是寄生性的病原菌。它既能寄生于秀珍菇的菌丝和子实体，又有分解纤维素和木质素的能力。木霉菌丝接触寄主菌丝后，能把寄主的菌丝缠绕，切断;还会分泌毒素,使培养基变黄消解。木霉菌适于在15℃～30℃温度和偏酸性的环境中生长。常发生在秀珍菇菌种和栽培袋的培养基内,也侵染在子实体上。它与秀珍菇争夺养分和生存空间。受其侵染后,养分破坏,严重的使培养基全部变成墨绿色,发臭,变软,导致整批菌袋腐烂;子实体受其侵染后霉烂,给栽培者带来严重损失。

3. 防治措施 注意清除培养室内外病菌孳生源,净化环境,杜绝污染源;培养基灭菌必须彻底,接种时严格执行无菌操作;菌袋堆叠要防止高温,定期翻堆检查;出菇阶段防止喷水过量,注意菇房通风换气。如在菌种培养基上发现绿色木霉时,这些菌种应立即淘汰。如在菌袋料面发现绿霉菌,可用5%石炭酸混合液,或用75%百菌清可湿性粉剂1 000～1 500倍溶液等药剂注射于受害部位;污染面较大的采取套袋,重新进行灭菌、接种。成菇期发现时,提前采收,避免扩大污染。

(二)链孢霉特征、危害与防治

链孢霉(*Pink mold, red bread mold*)亦称脉孢霉(*Neurospora*)、串珠霉,俗称红色面包霉,属于竞争性杂菌之一。

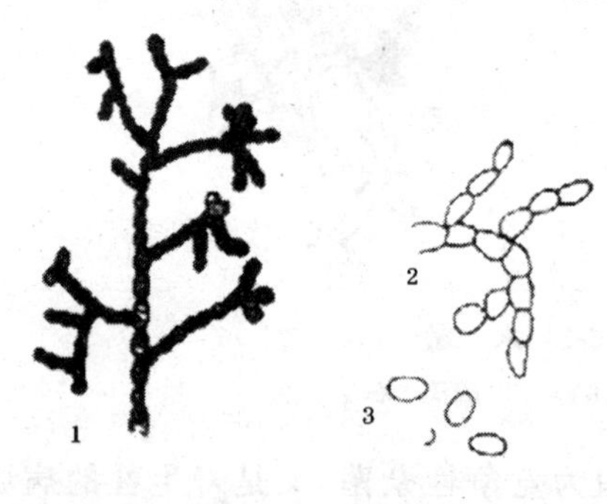

图5-2 链孢霉

1. 孢子梗分枝 2. 分生孢子穗 3. 孢子

1. 形态特征 链孢霉是最为常见的一种杂菌,其菌落初为白色、粉粒状,后为绒毛状;菌丝透明,有分枝、分隔、向四周蔓延;气生菌丝不规则地向料中生长,呈双叉分枝。分生孢子成链状、球形或近球形,光滑。分生孢子初为淡黄色,后为橙红色。其形态见图5-2。

2. 发生与危害　链孢霉是土壤微生物，适于高温高湿季节繁殖，25℃～30℃时其孢子 6 小时即可萌发，生长迅速，2～3 天完成 1 代，广泛分布于自然界，夏天易受污染，不到 3 天气生菌丝向外伸出袋面破口处，向下长到料底。菌丝细而色淡，氧气不足，就只长菌丝暂不长孢子；稍有一些空气，气生菌丝就会长出一些粉红色分生孢子。菌种瓶口棉塞灭菌时受潮吸湿，栽培袋破孔的就更易污染，还能从棉塞长出成串的孢子穗，形同棉絮状，蓬松霉层。孢子随风传播蔓延扩散极快。初秋秀珍菇接种后的菌袋，最常见的杂菌污染就是链孢霉。其分生孢子耐高温高湿，干热达 130℃ 尚可潜伏。分生孢子为粉末状，数量大、个体小，随气流飘浮在空气中四处扩散；也可随人体、衣物、工具等带入接种箱（室）、培养场所，传播力极强。不少栽培者因菌袋受污染，出现"满堂红"，危害严重，给生产造成极大损失。

3. 防治措施　严格控制污染源。链孢霉多从原料中的棉籽壳、麦麸、米糠带入，因此选择原料时要求新鲜，无霉变、并经烈日暴晒杀菌。塑料袋要认真检查，剔除有破裂与微细针孔的劣质袋；清除生产场所四周的废弃霉烂物；培养基灭菌要彻底，未达标不轻易卸袋；接种可用纱布蘸酒精擦袋面消毒，严格无菌操作；菌袋排叠发菌室要干燥，防潮湿、防高温、防鼠咬；出菇期喷水防过量，注意通风，更新空气。

一旦在菌种瓶棉塞或料面上发现链孢霉时，立即淘汰；在栽培袋料面发现时，速将菌袋排稀，疏袋散热，并用石灰粉撒于袋面，起到降温抑制杂菌的作用。同时用 75%甲基硫菌灵可湿性粉剂 500 倍液注射入污染部位，用手按摩使药液渗透料内，然后用胶布封针眼。链孢霉极易扩散，当菌袋受其污染时，最好采用塑料袋裹住，套袋控制蔓延。若在袋外已发现分生孢子时，可用柴油或煤油涂擦，迫使萎缩致死；或用 70%噁霉灵可湿性粉剂 1 500～2 000 倍液喷洒杀灭致死，切不可到处乱扔，以免污染空间。

(三)曲霉特征、危害与防治

曲霉(*Aspergillus*),其品种较多,危害秀珍菇较严重。

1. 形态特征 曲霉的菌丝比毛霉菌粗短,初期为白色,以后会出现黑、黄、棕、红等颜色。其菌丝有隔膜,为多细胞霉菌,部分气生菌丝可分生成孢子梗。分生孢子顶端膨大为顶囊。顶囊一般呈球状,表面以辐射状长出一层或两层小梗,在小梗上生着一串串分生孢子。以上这几部分合在一起称为孢子穗。分生孢子基部有一足细胞,通过它与营养菌丝相连。其形态见图 5-3。

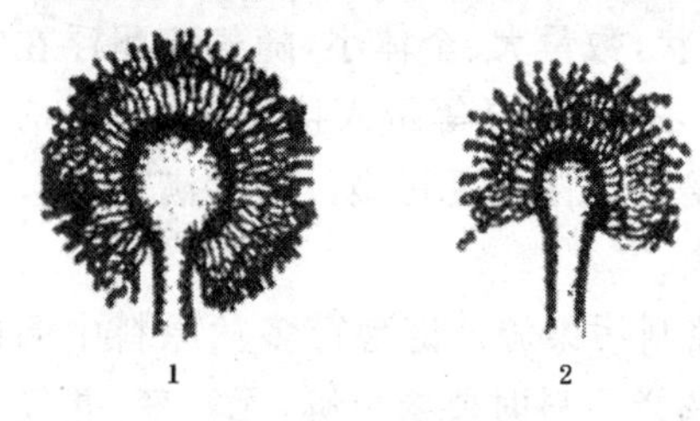

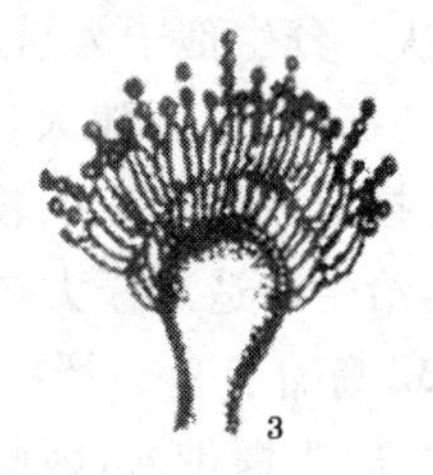

图 5-3 曲 霉

1. 黑曲霉 2. 黄曲霉 3. 土曲霉

2. 发生与危害 曲霉广泛分布于土壤、空气、各种有机物及农作物秸秆。在 25℃以上,湿度偏大,空气不新鲜的环境下发生。曲霉在秀珍菇菌袋接种培养上,常发生侵染培养料表面,争夺养分和水分,分泌有机酸的霉素,影响秀珍菇菌丝的生长发育;并发出一股刺鼻的臭气,致使秀珍菇菌丝死亡;同时也危害子实体,造成烂菇。

3. 防治措施 参考木霉、链孢霉防治办法外,在秀珍菇开口增氧阶段,可采取加强通风,增加光照,控制温度,造成不利于曲霉菌生长的环境。一旦发生污染,首先隔离污染袋,加强通风,降低湿度。污染严重时,可喷洒 pH 值 9～10 的石灰清水,或注射 1∶500 倍的甲基硫菌灵溶液。成菇期发生危害时,可提前采收。

三、常见虫害防控措施

（一）菌蚊特征、危害与防治

菌蚊，包括菌蚊科，眼蕈蚊科、瘿蚊科、蛾蚋科、粪蚊科等品种，属于双翅目害虫，是秀珍菇生产中的主要害虫之一。

1. 形态特征　菌蚊的形态特征见图5-4。

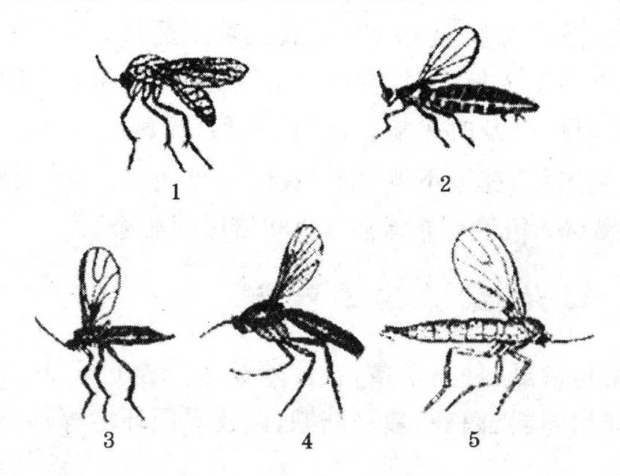

图5-4　菌　蚊

1. 小菌蚊　2. 真菌瘿蚊　3. 厉眼蕈蚊　4. 折翅菌蚊　5. 黄足蕈蚊

2. 发生与危害　从菌蚊的栖息环境看，有的潜存在菇房内，有的潜存在产品仓库中。发生的原因多为周围环境杂草丛生、垃圾、菌渣乱堆，给虫害提供寄生繁衍条件；加之，菇房防虫设施不全，害虫飞入无阻，给虫害生存繁殖有了再生的场所。菌蚊绝大部分是咬食秀珍菇子实体。而幼虫多潜入较湿的培养基内吸食秀珍菇菌丝，并咬蚀原基，严重发生时可将菌丝全部吃光或将子实体咬蚀成干缩死亡。菌蚊侵入袋内生卵，4～5天后卵变成线状虫，每条虫又可繁殖8～20条幼虫。幼虫钻在培养料内吸食菌丝，10～

15天后又化蛹，6～7天后蛹变虫，有性繁殖世代周期30天后，给秀珍菇生产带来严重危害。

3. 防治措施 注意菇房及周围的环境卫生，并撒石灰粉消毒处理，秀珍菇菌袋开口前进行一次喷药灭害，可用阿维菌素（100毫升/瓶）＋腚虫脒（275毫升/瓶）＋灭幼脲（375毫升/瓶）配水250升进行喷洒，杜绝虫源。菇房门窗和通气孔要安装60目纱网，阻止成虫飞入；网上定期喷植物制剂的除虫菊液或氟啶脲2000倍液，阻隔和杀灭飞入的菌蚊。菇棚内安装黑光灯诱杀，或在菇房灯光下放半脸盆0.1%敌敌畏杀虫药液，也可以用除虫菊熬成浓液涂黏于木板上，挂在灯光的附近地方，黏杀入侵菌蚊。发现被害子实体，应及时采摘，并清除残留，涂刷石灰水。菌蚊发生时尽量不用农药，在迫不得已的情况下，可使用低毒、低残留农药，如氟虫腈3000倍液或氟苯脲2000倍液喷洒杀灭。

（二）螨特征、危害与防治

螨，俗称菌虱，种类很多，在秀珍菇生产全过程中几乎都与螨有关，诸如培养料、菌种、栽培菇棚，以及周围环境等都与螨关系密切。

1. 形态特征 螨形态特征见图5-5。

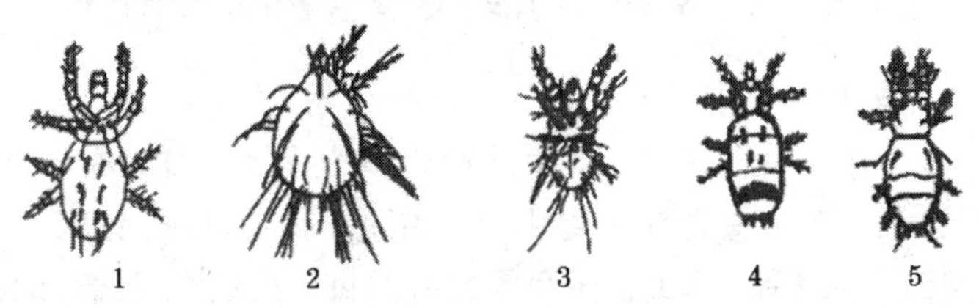

图5-5 害 螨

1. 蒲螨 2. 家食甜螨 3. 粉螨 4. 兰氏布伦螨 5. 害长头螨

2. 发生与危害 螨类主要来源于仓库、饲料间或鸡棚里的粗糠、棉籽壳、麦麸、米糠等，通过培养料、菌种和蝇类带入菇房。蒲螨和粉螨繁殖均很快，在22℃条件下15天就可繁殖1代。螨类以吃秀珍菇菌丝为主，被害的菌丝不能萌发，使子实体久不出现，直至最后菌丝被吃光或死亡。菌袋受螨害后，接种口的菌丝首先被吃食而变得稀疏或退化，影响出菇或造成烂菇。

3. 防治措施　发现螨类，难以根除。因螨虫小，又钻进培养基内，药效过后，它又会爬出来，不易彻底消灭。因此，只好以防为主，保持栽培场所周围清洁卫生，远离鸡、猪、仓库、饲料棚等地方。场地可用73%炔螨特乳油3 000倍液喷洒，杀灭潜存螨源。在栽培环节中，原料必须选择新鲜无霉变，用前经过暴晒处理。在开口增氧之前，为了防止螨类从开口处侵入，菇房可提前1天用40.7%毒死蜱乳油1 000～2 000倍液喷施，然后把室温调节到20℃，关闭门窗，杀死螨类。而后再通风换气，排除农药的残余气味。这样，既能有效地防治螨类危害，又不伤害秀珍菇的菌丝。子实体生长前期发现螨虫，可用新鲜烟叶平铺在有螨虫的菌袋旁，待烟叶上聚集螨后，取出用火烧死；也可用鲜猪骨间距10～20厘米排放螨害处，待诱集后取出用沸水烫死；还可以用茶籽饼研成粉，微火炒至油香时出锅撒在纱布上，诱螨后取出用沸水烫死。

四、常见侵染性病害防控措施

（一）褐腐病

1. 病态表现　受害的秀珍菇子实体停止生长，菌盖、菌柄的组织和菌褶均变为褐色，最后腐烂发臭。病原菌为疣孢霉（*Mycogone perniciosa Magn*）多发生于含水量多的菌袋上，在气温20℃时发病增多。主要是经被污染的水或接触病菇的手、工具等传播，侵入子实体组织的细胞间隙中繁殖，引起发病。

2. 防治措施 搞好菇棚消毒，培养基必须彻底灭菌处理；出菇期间保湿和补水用水要清洁，同时加强通风换气，避免长期处于高温高湿的环境；受害菇及时摘除、销毁，然后停止喷水，加大通风量，降低空间湿度；采用72%硫酸链霉素可溶性粉剂50倍溶液喷洒菌袋，杀灭蕴藏在袋内的病菌，避免第二茬长菇时病害复发；成菇及时采收，在菌盖未完全展开之前采收。采收下来的鲜菇，及时销售或加工处理，夏季存放时间不宜过长。

（二）软 腐 病

1. 病状表现 受害的秀珍菇菌盖萎缩，菌褶、菌柄内空，弯曲软倒，最后枯死，僵缩。病原菌为茄腐镰孢霉（*Fsolani mart* Sdcc）侵蚀子实体组织形成一层灰白色霉状物，此为部分孢子梗及分生孢子。此病菌平时广泛分布在各种有机物上，空气中飘浮的分生孢子，在高温高湿条件下发病率高，侵染严重的造成歉收。

2. 防治措施 原料暴晒，培养基配制时含水量不超过60%，装袋后，灭菌要彻底；接种选择午夜气温低时进行，严格无菌操作；菌袋开口诱基前，用50%敌敌畏乳油1 000倍液喷洒杀菌；开口后控制23℃～25℃适温，空气相对湿度80%；幼菇阶段发病时，可喷洒pH值8的石灰上清液，成菇期发生此病，提前采收，并用5%石灰水浸泡，产品经清水洗后烘干。

（三）猝 倒 病

1. 病状表现 感病菇菌柄收缩干枯，不发育，凋萎，但不腐烂，使产量减少，品质降低。病原菌为腐皮镰孢霉（*F. solani* (Matt) sacc)。多因培养料质量欠佳，如棉籽壳、木屑、麦麸等原、辅料结块霉变混入；装料灭菌时间拖长，导致基料酸败；料袋灭菌不彻底，病原菌潜藏培养基地内，在气温超过28℃时发作。

2. 防治措施 优化基料，棉籽壳、麦麸等原、辅料要求新鲜无结块、无霉变；装袋至上灶灭菌时间不超过 6 小时，灭菌时达到 100℃后保持 16～20 小时；发菌培养防止高温烧菌，室内干燥，防潮、防阳光直射；菌袋适时开口增氧，促进原基顺利形成子实体。长菇温度掌握在 23℃～28℃，空气相对湿度 85%～90%；子实体发育期一旦发病应提前采收。及时搔去受害部位的基料，并喷洒 75%百菌清可湿性粉剂1 500倍液；生息养菌 2 天后，喷水增湿促进继续长菇。

（四）霉烂病

1. 病态表现　受害子实体出现发霉变黑，烂倒，闻有一股氨水臭味，传播较快，严重时导致整批霉烂歉收。病原菌为绿色木霉（*T. uiridepers . ex* S. F. Grey），侵蚀子实体表层，初期为粉白色，逐渐变绿色、墨黑色，直到糜烂、霉臭。多因料袋灭菌不彻底，病原菌潜伏基料内，导致长菇时发作，由菌丝体转移到子实体；同时，由于菇房湿度偏高，通风不良有利蔓延，受害菇失去商品价值。

2. 防治措施　彻底清理接种室、培养室及出菇棚周围环境。在菇棚周围约 30 米距离内，喷洒多菌灵 400 倍溶液，密闭 2 天后方可启用；料袋含水量不宜超过 60%，并彻底消毒，不让病菌有潜藏余地；接种严格执行无菌操作，培养室事先喷洒 75%百菌清可湿性粉剂 1 500～2 000 倍液，杀灭潜存在室内的病原菌；发生病害后，将病袋移出焚烧或深埋，也可使用 3%石灰拌入处理后进行打碎、堆制发酵处理，作有机肥用。

（五）枯死病

1. 病态表现　常发生在原基出现后不久枯死，不能分化成子实体，影响 1 茬菇的收成。其病原为线虫（*Nematodes*）蠕形小幼虫危害。常因梅雨、闷湿、不通风的情况下发生，线虫以针口刺入菌丝内，吸食细胞液，造成菌丝衰退，不能提供养分水分供给原基生长与分化，以致枯死。有时也会直接吸食原基和幼菇，使秀珍菇子实体失去生长发育的能力而枯死。

2. 防治措施 菇房及一切用具事先消毒，不给线虫有存活条件；培养料采取先集堆发酵后，再装袋灭菌；发菌培养注意控温，以不超过28℃为好。气温高时应及时进行疏袋散热，夜间门窗全开，整夜通风，使堆温，袋温降低，育好母体，增加抗逆力；适时开口增氧，促使菌丝正常新陈代谢，如期由营养生长转入生殖生长，出好菇；幼菇阶段喷水宜少宜勤，不可过量，防止积水；同时，注意通风换气，创造适宜的环境条件。对已受害的及时摘除，并搔除表层，停止喷水2天后，让菌丝复壮，然后适量喷水，促进再长菇。

第六章　秀珍菇设施栽培产品采收与加工技术

一、秀珍菇成熟标志

秀珍菇子实体菌盖直径达到3～4厘米时，可以采收。若子实体成熟后再采收，则达不到产品质量标准。采摘时应采大留下，握着菌柄剪下。温度高于28℃时，子实体生长快，24小时轮换采收，以保证产品质量。采下的菇装入洁净的筐内，做到轻装快运。

将采下的鲜菇于20分钟内运入冷库保存，冷库温度保持在2℃左右，先让菇体降温，然后包装。包装时首先装入塑料袋内，每袋装量为2.5千克，再装入泡沫盒，打包，每件20千克(即8个塑料袋)，以利于保鲜，延长货架期。包装好的新鲜菇由保鲜运货车每天送往城市的农贸市场。

二、采收技术规范

(一)容器选定

采集鲜菇宜用小箩筐或竹篮子装盛集中，并要轻放轻取，保持秀珍菇的形态完整，防止互相挤压，菇柄折断，影响品质。特别是不宜采用麻袋、木桶、木箱等盛器，以免造成外观损伤或霉烂。采下的鲜菇要按菇柄长短、菇盖大小、朵形好坏进行分类，然后分别装入塑料周转筐内，以便分级加工。

(二)采菇时间

晴天采菇有利于加工,阴雨天一般不宜采,因雨天秀珍菇含水量高,保鲜加工易霉烂;加工干品也难以干燥,影响品质。若菇已成熟,不采就要误过成熟期时,雨天也要适时采收,但要抓紧加工干制。

(三)采集方法

对丛生成熟的菇体,一次性采完。摘菇时左手提菌筒,右手大拇指和食指捏紧菇柄的基部,先左右旋转,再轻轻向上整丛拔起。不让菇脚残留在菌筒上。不可粗心大意,防止损伤菌筒表面的菌膜。

(四)采前控水

秀珍菇采收前不宜喷水。因为采前喷水子实体含水量过高,无论是保鲜或脱水加工时会变色,色泽不好,商品价值低。

三、鲜菇保鲜贮藏技术

秀珍菇采后应尽快送到保鲜冷库里进行保鲜贮藏,以防止菇体色泽变化和确保菇体的新鲜度。保鲜库气温达到-2℃,库内菇体温度刚好达到0℃,这样能确保秀珍菇的保鲜效果。运输需采用5℃～8℃冷藏车进行,才能延长鲜菇的货架期。

(一)冷藏设施

根据本地区栽培面积的大小和客户需求的数量,确定建造保鲜库的面积。其库容量通常以能容纳鲜菇3～5吨为宜。也可以利用现有水果保鲜库贮藏。

保鲜库应安装压缩冷凝机组、蒸发器、轴流风机、自动控温装置、供热保温设施等。如果利用一般仓库改建的为保鲜库，也需安装有机械设备及工具等。冷藏保鲜的原理是通过降低环境温度，来抑制鲜菇的新陈代谢和抑制腐败微生物的活动，使之在一定时间内，保持产品的鲜度、颜色、风味不变。秀珍菇组织在4℃以下停止活动，因此保鲜库的温度宜在0℃～4℃为宜。

（二）鲜菇规格质量标准

保鲜秀珍菇要求菌盖半球圆整，菇柄茁壮，长短大小适中，色泽灰白，菇体含水量低，无黏泥、无虫害、无缺破，保持自然生长的优美形态。符合要求者作为冷藏保鲜，不合标准者的，作为烘干加工处理。如果采前10小时有喷水的，就不合乎保鲜质量要求。

（三）预冷控制

秀珍菇采收后，菇体内水分大量散失，菌褶开始变褐，风味劣变，商品价值下降，为此采收后要及时移入0℃～1℃的冷库中预冷15～20小时，预冷的目的是除去菇体从田间带来的热量，使组织温度降低到一定程度，以延缓代谢速度，防止失水、变黄或腐软。预冷的时间，以菇体中心部位温度降到冷库温度相同为宜。冬季低温季节，当外界气温在0℃左右时，菇体温度低，不需冷库预冷。鲜菇在－0.5℃以下会产生冻害，应该注意。

（四）包装运输

以预冷的鲜菇，进行分级整修和包装。包装要执行农业部NY/T 658—2002《绿色食品　包装通用准则》标准。把鲜菇逐层摆放于泡沫塑料箱中每箱净重14千克。箱底和箱面铺放包装纸，在箱面纸上放1～2袋降温冰块，箱口用胶带贴封。塑料泡沫箱的外形尺寸为长48厘米、高20厘米。塑料泡沫箱要符合GB 9689

食品包装用聚苯乙烯树脂成型品卫生标准。塑料泡沫箱密度≥14克/厘米^3。包装车间温度恒定在5℃～10℃。包装后放回0℃的冷库内暂存。

运输基本要求快装快运，轻装快卸，防热防冻。运输工具，出口远距离国家，多采用空运，迅速快捷，商品鲜度强；沿海产区与到达国家较短距离的，也可采用冷柜海运，成本低。

四、超市气调保鲜技术

所谓超市气调保鲜法，是在一定低温条件下，对菇品进行预冷，并采用透明塑料托盘，配合不结雾拉伸保鲜膜，进行分级小包装，简称CA分级包装，然后进入超市货架展销，改观购物环境，这在国外超市上极为流行。

（一）气调保鲜原理

这种拉伸膜包装的原理，主要是利用菇体自身的呼吸和蒸发作用，来调节包装内的氧气和二氧化碳的含量，使菇体在一定销售期内，保持适宜的鲜度和膜上无“结霜”现象。

（二）保鲜包装材料

现有对外贸易上通用塑料袋真空包装及网袋包装外，多数采用托盘式的拉伸膜包装。托盘规格按鲜菇100克装用15厘米×11厘米×2.5厘米；200克装用15厘米×11厘米×3厘米；300克装用15厘米×11厘米×4厘米。拉伸保鲜膜宽30厘米，每筒膜长500米，拉伸膜要求具有透气好，且要有利于托盘内水蒸气的蒸发。目前常见塑料保鲜膜及包装制品有：适于菇品超市包装的密度0.91～0.98克/厘米^{3}的低密度聚乙烯（LDPE），还有热定型双向拉伸聚丙烯材料制成极薄（<15微米）（OPP）防结雾的保鲜膜，

有类似玻璃般的光泽和透明度较为理想。托盘聚苯乙烯(PS)材料,利用热成塑工艺,制成的不同规格的托盘。

(三)套盘包装方法

按照超市需要的菇类品种和菇品大小不同规格进行分级包装。包装机械日本产托盘式薄膜拉伸薄膜拉伸裹包机械和袋封口机械,有全自动和半自动。现有国内多采用手工包装机。包装台板的温度计为高、中、低 3 挡,以适应不同材料及厚度的保鲜膜包装用。包装时分别菇体大小不同规格。以鲜菇 100 克量托盘排放鲜菇。一般以每盒 100 克或 200 克装量。袋装的 500 克量。包装时将菇体按大小、长短分成不同规格标准定量,排放于托盘上,并拉紧让其紧缩于菇体上即成。1 个熟练女工每小时可包装 100 克量的 300～400 盒。

(四)产品质量要求

规格质量要求适于气调保鲜的秀珍菇,要求采前不喷水,无霉烂,无虫害。特级品菌盖直径 4 厘米、柄长 12 厘米,一级品菌盖直径 5 厘米、柄长 15 厘米;二级品菌盖直径 6 厘米、柄长 18 厘米。按照分级标准,分装入塑料盘内,并覆膜包装。卫生标准符合国家 GB 7096—2003《食用菌卫生标准指标要求》。农药残留量不得超过 NY/T 749—2003《绿色食品　食用菌》标准规定农药残留量最大限量指标。

五、速冻保鲜技术

速冻技术在我国及世界应用广泛,食品速冻已被广大消费市场接受,如速冻饺子、速冻玉米、速冻蔬菜等。为使消费者能吃到新鲜美味的秀珍菇,采取速冻休眠技术能改变以往腌制、低温保鲜的模式，力求创新，使秀珍菇鲜菇走出家门，走向世界。福建省古田县雪杉耳珍稀食用菌研究所姚锡耀所长，运用速冻原理，经过多次反复试验，成功完成秀珍菇速冻休眠保鲜技术。其优点是能够保持菇品外观和风味不变。

（一）速冻保鲜原理

采用氟压缩机，结合制冷工程技术构成速冻流水线，让秀珍菇在－60℃条件下迅速催眠细胞，处于休眠状态，再通过－18℃±2℃的冷藏技术处理后，可保鲜至少2年以上。

（二）速冻工艺流程

原料采集→剪蒂分检→洗涤去杂→预煮杀青→冷却装袋→速冻→低温贮藏

（三）操作技术程序

秀珍菇速冻操作技术，掌握以下6点。

1. 原料要求 以菌盖下的菌膜已破，尚未开伞为标准。采摘下来的鲜菇及时加工，从采收到加工完毕必须在10小时内完成。采收、分检、除头、洗涤均为人工完成作业，以防菌盖和菌柄损伤，洗净后要剔除断柄、缺盖和开伞菇。

2. 预煮杀青 宜采用水煮，时间为15～20分钟，最高温度达90℃以上，煮时要使菇体全部浸入水中，达到煮透。

3. 冷却排湿 冷却预煮完毕捞出后急剧冷却，用10℃冷水淋洗10分钟，以使菇体中心温度迅速下降至25℃以下。捞起后放在铁丝网上，用电风扇吹干表面水分，时间约30分钟，以防速冻时菇表面结霜。

4. 成品包装 将吹干的秀珍菇按菌盖菇体大小、菌柄长短等级装入塑料复合膜（PC）袋内，通过封口机封口。

5. 速冻处理　将包装好的秀珍菇成品，置于速冻机冷冻库内速冻加工，在－45℃条件下保持 30～45 分钟。

6. 低温贮藏　经过速冻后的成品菇，装入塑料泡沫箱内，转入－18℃的冷库中保存，随售随取。

六、鲜菇脱水烘干

秀珍菇脱水烘干加工是采取机械脱水烘干流水线，鲜菇一次进房烘干成品，使秀珍菇形态、色泽好，香味浓郁，品质提高。具体技术规程如下。

（一）精选原料

鲜菇要求在八成熟时采收。采收时不可把鲜菇乱放，以免破坏朵形外观；同时，鲜菇不可久置于 24℃以上的环境中，以免引起酶促褐变，造成菇褶色泽由白变浅黄或深灰甚至变黑；同时禁用泡水的鲜菇。根据市场客户的要求分类整理。在烘干前，为了降低鲜菇含水量，可把鲜菇排于烘干筛上晾晒 4～5 小时，以手摸菇柄无湿感。

（二）装筛进房

把鲜菇柄大小、长短分级，重叠于烘筛上。其叠菇的厚度以不超过 16 厘米为适，若叠菇量太薄，整机烘干量少；太厚叠堆中烘干度差，一般每筛排放鲜菇 2～2.5 千克为适。摊排于竹制烘筛上，然后逐筛装进筛架上。装满架后，筛架通过轨道推进烘干室内，把门紧闭。若是小型的脱水机，则只要把整理好的鲜菇摊排于烘筛上，逐筛装进机内的分层架上，闭门即可。烘筛进房时，应把菇柄长、大、湿的鲜菇排放于中层；菇柄短小的、薄的排于上层；质差的排于底层。

(三)掌握温度

鲜菇装入烘干房后,要掌握好始温、升温和终温3个阶段。

1. 始温　鲜菇含水量高,突然与高热空气相遇,组织汁液骤然膨胀,易使细胞破裂,内容物流失。同时,菇体中的水分和其他有机物,常因高温而分解或焦化,发生菇褶变黑,有损成品外观与风味。干燥初期的温度也不能低于30℃,因为起温过低,菇体内细胞继续活动,也会降低产品的等级。各地实践证明,秀珍菇起烘的温度以40℃为宜。通常鲜菇进房前,先开动脱水机,使热源输入烘干房内,使鲜菇一进房,就处在40℃的温度条件,有利于钝化过氧化物酶的活性,持续1小时以上,这样的起始温度,能较好地保持鲜菇原有的品质。

2. 升温　持续1小时以上之后,介质温度不能升得过高和过快,温度过高,菇体中酶的活性迅速被破坏,影响香味物质的形成;温度上升过快,会影响干品质量。因此,应采用较低温度和慢速升温的烘干工艺。一般使用强制通风式的烘干机,干制温度可从40℃开始,逐渐上升至60℃;使用自然通风式烘干机的,可从35℃开始,逐渐上升至60℃,升温速度要缓慢,一般以每小时升温1℃～3℃为宜。

3. 终温　干制的最终温度也不能过高,如高于73℃时,秀珍菇的主要成分蛋白质将遭到破坏。同时,在过高的温度下,菇体内的氨基酸与糖互相作用,会使菌褶呈焦褐色。但温度也不能过低,如低于60℃,则干品在贮藏期间。容易发生谷蛾、蕈蚊等害虫的危害。因为原已产在菇体上的这些害虫的卵,其致死温度为60℃,且需持续2小时,所以干制的最终温度,一般以不低于60℃为原则,烘干时间为1～2小时。

（四）排湿通风

秀珍菇脱水时水分大量蒸发，要十分注意通风排湿。当烘干房内空气相对湿度达70%时，就应开始通风排湿。如果人进入烘房时骤然感到空气闷热潮湿，呼吸窘迫，即表明空气相对湿度已达70%以上，此时应打开进气窗和排气窗进行通风排湿。干燥天和雨天气候不同，鲜菇进烘房后，要灵活掌握通气和排气口的关闭度，使排湿通风合理，烘干的产品色泽正常。

（五）干度测定

经过脱水后的秀珍菇成品，要求含水率不超过13%。可以采用感官测定的方法测定含水量，用指甲顶压菇柄，若稍留指甲痕，说明干度已够。若一压即断说明太干。也可采用电热测定的方法测定含水量，称取菇样10克，置于105℃电烘箱内，烘干1.5小时后，再移入干燥器内冷却20分钟后称重。样品减轻的重量，即为秀珍菇含水分的重量。鲜菇脱水烘干后的实得率为11∶1，即11千克鲜菇得干品1千克。若是采取加工前菇体经晾晒排湿4～5小时的，其干品实得率为7∶1。鲜菇脱水烘干时，也不宜烘干过度，否则易烤焦或破碎，影响质量。

七、真空冻干技术

真空冻干(FD)的菇品质量优于脱水烘干产品。真空冻干生产过程处于缺氧和低温条件下，使产品形、色、味和营养成分与鲜品基本相同，且复水性较强。因此，在国际市场上迎合现代消费人群，对食品“绿色、营养、安全、方便”的要求，深受青睐，其价格明显高于同类的普通干燥菇品。因而成为新一代食用菌加工技术，发展前景可观。

（一）掌握冻干原理

真空冻干是利用冻结升华的物性，将鲜菇中水分脱出，这种升华现象在大蒜、生姜、辣椒、水果等休闲小食品加工方面已广泛利用。而我国现行鲜菇脱水则是采取加热的物性将水脱出，对于升华脱水尚感生疏。其实水（H_2O）有固态水、液态水、气态水，在一定条件下，这三态可以互相转化。在一定温度和压力下，使水降温凝结冰，冰吸热凝结为汽，汽降温又凝结为冰，冻干就得用这种升华原理把鲜菇脱水干燥。

（二）基本配套设施

冻干生产的普通厂房内，设前处理车间、冻干车间和后处理车间3个。前处理车间必备台案、水槽、甩干机、夹锅炉等。这主要用于深加工秀珍菇冻干小食品。冻干车间内配置速冻床、干燥仓、以及真空、加热、监控等设备。后处理车间应备挑选台、振动筛，金属检测器，真空封口机等。甘肃兰州科近真空冻干技术公司近年研制生产JDG型食品冻干机，设有水气冷阱，提高了捕水量、结霜均匀，捕水率达3.13千克/米^2·时。每脱水1千克冰能降耗0.55千瓦·时，并配有JDGP智能监控软件，使温度控制精度达到0.5℃，真空调节精度达到1帕。

（三）冻干技术规程

秀珍菇真空冻干技术，目前各地正在探索与研究，大体掌握以下4个方面。

1. 原料筛选　首先将进厂鲜菇剔除霉烂菇、带泥菇、浸水菇、病虫害和机械损伤菇。然后按照菇体大小、菇柄长短进行区分，装入泡沫塑料箱内，每箱装量10～15千克。

2. 进库冻结　装筛选好的原料菇，连同泡沫箱，通过输送带传送在隧道内，依次通过预冻区、冻结区、均温区，进入冷冻库。菇品经速冻库－30℃以下的温度速冻后，把库内温度调控在－18℃以下经1～2小时，然后再保温1～2小时，使菇体冻透，处于冰冻状态。

3. 加压升华　冻干主要掌握温度和压力。生产时温度调控0.01℃和压力6 105帕，使菇体内水分蒸发成气体，形成水；随着水降温使其结为冰。冰加热可直接升华为汽（不经过液态），汽降温直接使其凝结为冰，使固态水、液态水、气态水互相转化。升华的中后期蒸汽量逐步渐减，仓内真空升高，此时制冷量可适当减少。升华结束后，物化结合水处于液态，此时应进一步提高菇体温度，进入解析阶段，使这部分水分子能获解析，逼使菇体干燥。菇品体态大小、厚薄有异，在这种低温冷冻的条件下，一般经过10～15小时可把菇体脱水干燥。

4. 低温冷藏　真空冻干后的菇品，应迅速转入干燥房内包装。室内空气相对湿度要求40%以上，以免干品在包装过程吸潮。干品包装后置于－40℃低温下，冷冻40小时，杀灭贮存过程中受外界侵入的杂菌、虫体及卵，然后起运出口。

真空冻干生产是食用菌加工业新开发项目，适于加工企业拓宽业务。但相对而言，其设备比普通热风脱水干燥投资大些，在开发此项产品时，应根据对外贸易客户订单的要求，顺应市场，稳定发展。而对国内市场所需的旅游，休闲菇品的加工，它与真空油炸可并肩而进。

八、盐渍加工技术

盐渍也是秀珍菇加工的一种形式，通过盐渍来控制菇体酶组织的活力，使其保持采收后的成熟度，使产品既有本品的特征，又有独特的风味，因此颇受市场青睐。下面介绍目前较为常用的盐渍加工基本工艺规程。

(一)原料选择

凡供盐渍加工的秀珍菇,应适时采收,其蛋白质含量高,香味纯正浓郁,质地脆嫩,色泽鲜艳,耐贮存。通常掌握菇体八九成熟采收。采收后应及时加工,原料愈新鲜,加工出来的品质也愈好。因此,从采收到加工一般不要超过24小时,间隔时间愈短愈好。如果时间拖得过长,风味愈差,色泽改变,影响加工成品的质量。采收后要根据菇体大小、重量、品质进行分级。在分级过程中,要除去霉烂、病虫害残次菇及泥沙等杂质;并将根部的黑蒂去掉。当天采收,当天加工,不可过夜。

(二)预煮杀青

将鲜菇浸入5%～10%的盐水中,用不锈钢锅或铝锅预煮。预煮目的是杀死菇体细胞组织,进一步抑制酶活性,排出体内的水分,使气孔放大,以便盐水很快渗透菇体。预煮有热水预煮法和蒸汽预煮法两种。

1. 热水预煮法 先将水煮沸或接近沸点,然后把鲜菇投入水中,加大火力使水温达到100℃或接近沸点温度。煮沸时间依菇体大小而定,一般为7～10分钟,经剖开菇体内没有白心为度,然后捞出,立即投入流动清水中冷却。为减少可溶性物质的损失,煮沸水可多次使用。如菇量过多,一时处理不完,可用1%盐水浸泡,在短期内保存处理。

2. 蒸汽预煮法 将鲜菇装入蒸锅或蒸汽箱中,用锅炉供给蒸汽,温度控制在80℃～100℃,处理5～15分钟后,立即关闭蒸汽,取出冷却。采用此法,可以避免营养物质的大量损失,但必须有较好的蒸汽设备,否则受热不匀,预煮质量差。

(三)加盐腌制

把预煮冷却沥去水分的菇体，按每100千克加食盐50千克进行盐渍。现介绍3种盐渍方法。

1. 层盐层菇法　先在缸底铺2厘米厚的盐，再铺一层菇，再逐层加盐、加菇，直至缸满，最后1层盐稍厚；放上竹帘，再压上重物；然后加入煮沸后冷却饱和盐水，调整pH值3.5左右，上盖纱布，防止杂物混入。经常检测缸内盐液浓度，保持18波美度以上，即1升盐水中食盐含量为205克以上。

2. 饱和盐水法　先将缸内装入饱和盐水，然后放入经预煮凉透的菇体，再压重物，盖上纱布。由于加入菇体后盐水浓度会降低，要不断补充盐分，始终保持盐液成饱和状态。

3. 梯度盐水法　经预煮冷透的菇体，先浸入10%～15%的盐水中，让菇体逐渐转成正常黄白色，经3～5天后，把秀珍菇捞出沥干水。然后转入23%～25%的盐水中浸渍1周左右。这段时间要勤检查，一旦发现盐水溶液含盐量不足18%时，应立即补上。加盐方法是适当去掉缸内的淡盐水，加上饱和盐水。盐水浓度调至18%或稍高。一般情况转缸两次即可，每次转缸后要用竹帘压上，使盐水淹过菇面，以防面上的菇体露空变色。

(四)翻缸装桶

盐渍完毕进入翻缸阶段。如果没有打气搅拌盐水，冬天应7天翻缸1次，共3次；夏天应2天翻缸1次，共10次，即可装入塑料桶。装满桶后加入饱和盐水，再加300～400克柠檬酸，并测试酸碱度。测定后按要求的重量，将菇体装入塑料袋内，加上封口盐，用线扎紧塑料袋口。现有专用塑料包装桶，每桶秀珍菇装量净重50千克左右，即可贮藏或运输。

（五）质量标准

盐渍秀珍菇感官指标：色泽淡黄色、黄褐色，具有盐渍的滋味和气味，无异味。形态按照品种不同而定，菌盖菌柄完整，氯化钠含量 20 波美度以上，pH 值 3.5～4.2，食盐符合 GB 5461 标准要求，致病微生物不得检出。盐渍品保质期可达 2 年以上。

九、糟制品加工技术

秀珍菇糟制生产工艺流程：原料筛选→修剪清洗→热汤杀青→排湿脱水→糟料渍制→漂洗调味→成品包装

（一）原料筛选

糟制即食美味秀珍菇选料严格，要求菇盖开伞度七八成，盖大不超过 3 厘米，肉质坚韧；菌柄顺直整齐，长度不超过 15 厘米，粗细等同；色泽淡黄色，含水量不超过 90%；无霉烂变质，蒂头不带杂质，无病虫害、无污染的优质菇。

（二）修剪清洗

将筛选合格的鲜菇，剪掉蒂头黑色带培养基的部分；置于流动的清水池中，加入 0.6%盐水浸泡，洗去黏附在菇体上泥屑杂质，再用 0.1%柠檬酸溶液（pH 值 4.5）漂洗，抑制菇体内的多酚氧化酶的活性，防止菇色变深或变黑。

（三）杀酶冷却

采用不锈钢锅或铝锅，按每 100 千克鲜菇量，加入清水 120 升，食盐 5 千克下锅煮沸。将菇体投入锅内热烫，水温以 85℃～90℃，处理 3～5 分钟。当菇体下沉，上面汁液清澈，无泡沫时即可起锅。如果采用蒸汽杀青，在96℃～98℃的温度范围内处理2～3分钟即可。杀青的目的是破坏菇体内的多酚氧化酶活力，同时排除菇体组织的空气，使组织收缩、软化，减少加工制作时脆断。

（四）排湿脱水

杀青后菇品体内含水量达80%以上，如果不排湿脱水即行糟制时，会影响风味，且还会发生酸败。排湿脱水采用甩干机控干，将杀青后的菇品，先置于通风处散热30～40分钟，然后装入尼龙网或纱布袋内，置于甩干机内沥去菇体水分，至含水量20%为宜。

（五）糟料配制

糟料选用大米酿造红酒榨下的糟粕，又称酒渣。按1∶1加入食盐，混合搅拌均匀即成糟料。将排湿控干后的秀珍菇，按每100千克，加入糟料20千克，采取二步腌渍，第一次先将菇体与糟料量的40%，进行搅拌揉搓均匀，使每条菇柄都粘上糟料，静置2～3天后进行清洗；然后再将60%的糟和菇进行第二次拌匀，装入缸或桶内腌制，时间15天以上，让糟料渗透菇体内，使之着味。

（六）漂洗调味

将醃制后的糟制品提出，沥去醃渍过程的汁液。然后按照南北省（自治区）消费口味的习惯要求，再加入精盐、味精、辣椒粉、熟食用油、蒜汁、生姜粉等调味品，反复拌匀，吸料30分钟后可装包。

（七）成品包装

采用聚乙烯（PE）或聚偏二氯乙烯（PVDC）包装袋。每袋装量分别50、100、150、200克小包装，真空封口。装袋封口后，经高压灭菌处理；再置于流动清水中速冷，取出用纱布擦净袋面，经入库保温，检验合格后即可装箱入库或上市。包装用品应符合

NY/T 658—2002《绿色食品包装通用准则》和 GB 9687—1988《食品包装用聚乙烯成型品卫生标准》。

(八)质量标准

菇体色泽粉红,味道酒香,无异味,质地柔软嫩脆,富有弹性,无杂质;风味独特,口感宜人,开包即食。产品质量应符合 GB 7096—2003《食用菌卫生标准》。

十、罐头制品加工技术

(一)选料整理

选择菇体尚未开伞时采收,一般菇盖直径为1～2厘米。菇柄长8～10厘米,然后用自来水洗去除杂质和散发的孢子。漂洗前可用柠檬酸液适当浸泡,具有漂白和韧化组织的作用;且可防止在漂洗过程中菌盖过度破碎。

(二)杀青分级

在100升水中加入柠檬酸150克、食盐4千克即配成预煮液。预煮的固液比(菇体∶预煮液)为1∶1.5～2。先将预煮液煮沸,加入菇体后再煮沸10～15分钟,然后置流动水中冷却,按菇盖大小分级,以利装罐。

(三)汤液配制

汤液以2.5%的食盐溶液中加入0.05%的柠檬酸及少量维生素C为佳。煮沸保存一段时间,装罐汤液要求保温80℃以上。

(四)装罐杀菌

按净重的55%～60%装入菇体,加满汤汁。罐为350毫升金属螺旋盖玻璃瓶。排气封罐要求罐中心温度达到80℃以上。杀菌公式(5′～10′)～20′/100℃,用流动水快速冷却。于35℃条件下保温3天,检查无杂菌和胀罐现象,即可入库。

(五)产品标准

1. 感官指标　菇体条状完整,无蒂、无碎屑,呈黄褐色或浅黄色;糖水清澈透明,具有秀珍菇应有的滋味和香气,无异味。

2. 理化指标　固形物含量不低于净重53%,氯化钠含量0.8%～1.5%,pH值5.2～6。

3. 卫生指标　应符合国家GB 7098—2003《食用菌罐头卫生标准》要求。

附　录

秀珍菇产品标准，目前尚未见有国家标准，但秀珍菇与平菇是同类型的，可参照国家农业部颁布的NY/T 5096—2002《无公害食品　平菇》农业行业标准执行。

1. 无公害秀珍菇感官要求　无公害秀珍菇感官指标（附表1）。

附表1　无公害秀珍菇感官指标

序　号	项　目	要　求
1	外　观	具秀珍菇特有的形态、色泽、表面无萌生菌丝，允许菌盖中凹进处和菌柄基部有白色菌丝；菌褶无裂纹
2	气　味	具秀珍菇特有清香味
3	手　感	干爽，无黏滑感
4	霉烂菇	无
5	虫蛀菇（虫孔数/千克）	≤30
6	水分（%）	≤91

各地产区根据客户具体要求，制定规格质量。香港、台湾客户要求秀珍品一级品规格为菇柄长5厘米、菇盖直径2.5～3.5厘米。现有国内市场秀珍菇感官指标见附表2。

附表 2　国内市场秀珍菇感官指标

项　目	指　标		
	一　级	二　级	三　级
色　泽	菌盖灰白色至灰色		
气　味	具有秀珍菇特有的菇香，无异味		
形　态	菌盖呈匙形至扇形，菌柄直，盖缘不开裂	菌盖近匙形或呈扇形，菌柄稍直，盖缘不开裂	菌盖呈扇形至半球形，菌柄稍直，盖缘稍有开裂
菌盖直径(厘米)	＜3.0	3.0～4.0	4.0～5.0
菌柄长度(厘米)	＜3.0	3.0～4.0	＞4.0
碎　菇(%)	无	＜3.0	≤5.0
附着物(%)	无	≤0.5	≤0.5
虫伤菇(%)	无	≤1.5	≤2.0
杂　质	无		

2. 无公害秀珍菇的卫生指标　秀珍菇卫生指标，参照 NY/T 5096—2002《无公害食品　平菇》标准(附表 3)。

附表 3　无公害秀珍菇卫生指标

项　目	指标(毫克/千克)
砷(以 As 计)	≤0.5
铅(以 Pb 计)	≤1
汞(以 Hg 计)	≤0.1
镉(以 Cd 计)	≤0.5
多菌灵(Carbendazim)	≤0.5
敌敌畏(dichlorvos)	≤0.5

注：根据《中华人民共和国农药管理条例》，剧毒和高毒农药不得在蔬菜(包括食用菌)生产中使用。

3. 盐渍品质量标准 秀珍菇盐渍品质量标准(附表4,附表5)。

附表4 秀珍菇盐渍菇感官标准

项 目	要 求
色 泽	具有盐渍品固有的色泽
香 气	具有盐渍品之香气
滋 味	纯正爽口,咸度适当,无异味
体 态	规格大小基本一致,无杂质
质 地	质地脆嫩

附表5 盐渍菇理化指标 (单位:毫克/千克)

项 目	要 求		
	干态	半干态	湿态
水分(%)	≤40.0	≤70.0	≤85.0
食盐(以氯化钠计)(%)	≥8.0		

4. 罐头卫生指标 秀珍菇罐头卫生标准应统一执行国家新制定的GB 7098—2003《食用菌罐头卫生标准》,见附表6。

附表6 秀珍菇罐头制品卫生标准

项 目	指 标
锡(Sn)(毫克/千克)	≤250
铅(Pb)(毫克/千克)	≤1.0
总砷(以As计)(毫克/千克)	≤0.5
总汞(以Hg计)(毫克/千克)	≤0.1
米酵菌酸[2]/(毫克/千克)	≤0.25
六六六/(毫克/千克)	≤0.1
DDT/(毫克/千克)	≤0.1

微生物指标应符合罐头食品商业无菌的规定。

5. 绿色产品农残限量标准　国家农业部NY/T 749—2003《绿色食品　食用菌》标准规定的农药残留最大限量指标，见附表7。

附表7　绿色食品食用菌农药残留最大限量标准　（单位：毫克/千克）

项　　目	指　　标
六六六	≤0.1
滴滴涕	≤0.05
氯氰菊酯	≤0.05
溴氰菊酯	≤0.01
敌敌畏	≤0.1
百菌清	≤1.0
多菌灵	≤1.0

6. 产地产品认证　秀珍菇产地认定和产品认证，应根据所申请的产品质量安全的类型（无公害、绿色、有机）所需要的相关材料和具体条件，申请材料和程序以及管理办法等信息，可登录各省（市）农业信息网行业频道“农业三品”栏目。

参考文献

[1] 黄年来．中国食用菌百科[M]．北京:农业出版社，1993.

[2] 黄年来,等．中国食药用菌学[M]．上海:上海科学技术文献出版社,2011.

[3] 杨瑞长,等．食用菌塑料大棚周年栽培技术[M]．上海:上海科学技术出版社,1995.

[4] 罗信昌,等．食用菌病虫害杂菌及防治[M]．北京:中国农业出版社,1996.

[5] 丁湖广．四季种菇新技术疑难300解[M]．北京:中国农业出版社,1997.

[6] 汪昭月,等．食用菌科学栽培指南[M]．北京:金盾出版社,1998.

[7] 丁湖广,等．木生菌高效栽培技术问答[M]．北京:金盾出版社,2009.

[8] 肖淑霞,等．无公害珍稀食用菌栽培[M]．福州:福建科学技术出版社,2009.

[9] 丁湖广．食用菌菌种规范化生产技术问答[M]．北京:金盾出版社,2010.